DE
LINEIS RECTIS
SE INVICEM SECANTIBVS
STATICA CONSTRVCTIO.

AD SERENISSIMVM
FERDINANDVM
CAROLVM
Ducem Mantuæ, Montisferrati,
Guastallæ, &c.

AVCTORE

IOANNE CEVA
Mediolanenfi.

MEDIOLANI

Ex Typographia Ludouici Montiæ. MDCLXXVIII.
SVPERIORVM PERMISSV.

SERENISSIMO MANTVÆ DVCI

FERDINANDO
CAROLO.

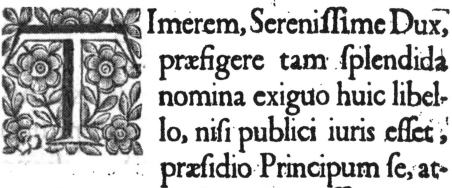 Imerem, Serenissime Dux,
præfigere tam splendida
nomina exiguo huic libel-
lo, nisi publici iuris esset,
præsidio Principum se, at-
que sua tueri. Scilicet Serenissimos hos
Soles lucere omnibus voluit luminum
Pater, & Moderator Deus, vt latè pro-
ijcerent beneficum iubar super vulgus

mor-

mortalium. Quod si vnicuique fas est
bona, fortunasq; suas credere tam gran-
di patrocinio; quantò æquius hoc idem
sibi deposcunt inermes literæ, præsertim
Geometria, cui si desit Mæcenatum
vmbra, deest vigor omnis & vita. Nam
amœnior literatura, cæteræque scientiæ
ferme omnes habent theatra, porticus,
& propugnatores suos; pauci verò Geometriæ latus stipant, pauci scientiarum
omnium Reginæ excubias agunt. Nihil illi splendida prosunt natalia, nihil
dignitas, nihil collata mortalibus bene-
ficia. Illam igitur tibi supplicem sisto
verende Princeps, vt ex hoc Serenissimo
fastigio Celsitudinis Tuæ patrocinium
sibi vindicet & tutelam. Te interim,
Heros fortissime, seruent Superi nobis,
& bonis artibus incolumem diù. Hanc

enim præcelsam indolem tuam, & magnæ mentis perspicaciam, hoc robur animi, clementiam, & decus augustæ frontis nemo est, qui non suspiciat, atq; in his non censeat collocatam spem maximam publicæ felicitatis. Vale.

Serenissimæ Celsitudinis Tuæ

Humillimus Seruus

Ioannes Ceua.

PROŒMIVM

Onſideranti mihi ſæpius in hac vi-
ciſsitudine rerum, ac fortunarum,
quàm opportunum foret calamita-
tum leuamen philoſophari, quam-
que ij felices demum, fortunatiq;
habendi eſſent, quos ab otio ſcien-
tiarum nulla auocant, atque ſeiungunt curæ; ſubijt
animum, erigere (quantum fas eßet) literis, inge-
nioque territam infortunijs adoleſcentiam meam.
Itaque geometriam ingreſſus, quæ & rerum varietate, & genere ipſo cæteris anteire viſa eſt, cum
Apollonij, Archimedis, Pappi, aliorumque inuenta
egregia, atque miranda percellerent animum, rape-
rentque (vt eſt præceps ſine conſilio iuuentus) libuit
dare vela ventis, ſi fortè noua littora, & nemini
hactenus cognitas regiones caſus aliquis aperiret.
Quadraturam circuli, & adhuc indomit am hyperbolam

bolam rimari capi; videlicet spem fecerant haud exiguam frustum cylindricum, solidumque hyperbolicum totum penè à me in pyramidem coactum. Ter mihi conciliata recti, et curui dissidia insomnes noctes persuasere; ter normam fugit figura contumax, et tenax sui. Tamen, vt frustratis semel, iterumque laboribus lux aliqua, spesque noua subinde oriebatur, tandiu relabenti saxo Sisyphus peruicax inhasi, donec adhibita nouissimè irrito successu indiuisibilia Caualerij omnem animi pertinaciam domuere. Ergo auocato hinc animo (neque enim sine altiori consilio positum hoc frænum humanis mentibus crediderim) geometricis, ac mecanicis rationibus iunctis inuicem, permixtisque, nouum quidpiam in lucem proferre concessit Deus, solatium aliquod delusi in rebus magnis ingenij. Namque consuetis geometriæ apparatibus relictis, substitutisque linearum vice ponderibus, dum rationes quasdam examino successit cogitatio, pluraque sepulta hactenus, atque ignota prodiere in lucem. Rei nouitas, atque vtilitas persuasit hoc quâlecunque inuentum publici iuris facere, ratus aliorum ingenia, ac perspicacia (vt sæpe sit) rude, impolitumque initium perfectum iri.

Insti-

Institutum nostrum est problemata quamplura, quorum ardua, & sæpe etiam inextricabilis foret solutio iuxta consuetas leges, nulla adhibita circulorum, linearumque præuia constructione, vt mos est apud geometras, solis ponderibus statice enodare; quod præstabimus, quoties proponantur lineæ se inuicem secantes, quarū sectiones ita sint determinatæ, vt qualibet variata, cæteras omnes variari necesse sit. Hinc staticam constructionem libuit appellare, qua vtinam eius emolumenti sit, compendyque quod mihi persuadeo, & quod vnum oro, cupioq3. Neque enim ad hæc scribenda cupiditas vlla famæ impulit, quam in tanta rerum, auctorumque celebritate insani esset querere, leuiorisque animi desiderare. Plura inuenies minus castigata, et quibus desit suprema manus; da veniam succisiuis horis, quas mihi ad hæc elaboranda vix reliquere, partim cura seueriores, partim etiam amicorum, et familiarium querimonia malè in his collocatum inuentutis florem existimantium. Si quid porrò haud omnino contemnendum fuerit, Donato Rossetto inter Mathematicos nostri aui egregio, præstantissimoque, cuius primis institutionibus, si quid in me est bonarum artium, debeo, tu quoque humanissime lector debes. Vale.

STA-

STATICÆ
CONSTRVCTIONIS
LIBER PRIMVS.

AXIOMATA.
I.

Grauia ex communi centro grauitatis suspensa, ita ponderant, ac si tota eorum grauitas esset in prædicto centro grauitatis.

II.

Pondera in eadem positione vnicũ habent centrũ grauitatis.

PETITIO.

Proposito quolibet pondere aliud reperiri posse ad quod habeat datum pondus quamlibet imperatam rationem.

LEMMA I.

Pluribus datis ponderibus in qualibet positione, si ex centro grauitatis vnius, vel plurium eorum ducatur libra, quæ transeat per centrum grauitatis omnium, ea producta transibit per centrum grauitatis reliqui ponderis.

 INT pondera ABCD, quorum omnium grauitatis centrum sit E, illud autem ponderum AD sit F, ducaturque FE; dico quod si producatur ad partes reliquorum ponderum BC, in ipsorum centrum cadet; si enim hoc non est, sit G centrum grauitatis ponderum BC, itaut iuncta FG sit extra lineam FE. Quoniam igitur FG iungit centra grauitatis ponderum BC, AD, si fiat vt BC ad AD, ita longitudo FM ad MG, erit in eadem libra FG centrum grauitatis eorumdem quatuor ponderum BCDA in priori illa positione manentium, quod cum vnicum sit, non erit E, vt ponebatur.

tab. 1.
fig. 1.

COROLLARIVM.

Hinc manifestum est, quod si duo grauia BC iungantur libra aliqua BC, eorum centrum grauitatis erit in communi

A   sec-

tab. I.
fig. 2.
*sectione H libræ B C iungentis centra grauium B C, & linea F H
transeuntis per prædicta centra F, & E.* Centrum enim grauium B C tam est in F H, vt probatū est, quam in B C, ergo erit H.

LEMMA II.

*Sint duo pondera A B, quorum centrum grauitatis sit F in
libra A B, dico pondus A ad B esse, vt B F ad F A.*

tab. I.
fig. 3.
6. Arch.
æquipond.
SI enim ita non est, fit vt A ad B, ita B K ad K A; erit ergo K
centrum grauitatis ponderum A B; quod cum vnicum sit,
non erit F, vt ponebatur.

PROP. I. PROB. I. ELEMENTVM I.

*Sint duæ rectæ E A, C A, conuenientes in A, quibus occurrant
duæ alia. C D, E B, in D B punctis, quæ se inuicem secent in F.
Propositum nobis sit ex punctis E C A grauia I H G in ea ratione
suspendere, vt pondus G ad H eandem habeat rationem, quam
C B ad B A; idem verò G ad I, eam quam E D ad D A; pondus
verò I ad duo H G illam, quam habet B F ad F E, & graue H
ad duo grauia I G sit, vt D F ad F C.*

tab. I.
fig. 4.
Postulatum.
REperiatur pondus H ad quod propositum quoduis G illam
habeat rationem, quam recta C B ad B A; idem verò pondus G ad aliud I eam habeat rationem, quam habet recta E D ad
D A; dico rectam B F ad F E esse, vt pondus I ad duo grauia G H;
rectam verò D F ad ipsam F C, vt pondus H ad duo pondera I G.

Quoniam D C est quædam libra, in cuius extremo D est centrum grauitatis, & proptereà totum pondus grauium G I, ac si
ynum essent suspensum ex D; in alio verò extremo C est aliud
pondus H, erit in eadem libra D C centrum grauitatis prædictorum ponderum G I, & H. Similiter, quia E B est alia quædam
libra, in cuius extremo B est centrum grauitatis, & proptereà totum pondus grauium G H; in alio verò extremo E est aliud pondus I, erit in eadem libra E B centrum grauitatis prædictorum
ponderum G H, & I in priori illa positione existentium.

Cùm itaque pondera G I H in eodem situ considerata vnicum
habeant centrum grauitatis; id verò tàm in libra D C, quàm in
libra

libra E B oſtenſum fuerit, in ſectione F neceſſariò exiſtet, Ergo
vt pondus I ad duo ſimul G H, ita B F ad F E ; Similiter vt pondus
H ad alia duo ſimul G I, ita erit D F ad F C, quod erat faciendum, *ex 2. lem.*

COROLLARIVM.

*Deducitur punctum F eſſe centrum grauitatis omnium gra-
nium I G H in illa poſitione .*

SCHOLIVM,

*Hanc propoſitionem, & quatuor, quæ deinceps ſequuntur ele-
menta voco, vtpotè prima fundamenta, quibus pleraq; nituntur.*

*Figuram hanc A E F C, iterum poſt tradita elementa, & non
rarò exponemus; ſed ad vitandam multiplicitatem literarum,
pondera G I H literis A E C ſigniſicabimus ; aggregatum verò
ex ponderibus G H, & alterum ex G I connotabimus litera B, &
litera D, quippe quæ notant centrum grauitatis, in quo ponderant
grauia ſuſpenſa ex A, & C, & ex A, & E ; omnia verò pondera
exprimemus litera F, quia ibi, vtpotè in centro grauitatis ponderant, vt dictum eſt.*

PROP. II. PROB. II. ELEM. II.

*Sit triangulum E A C, & ab angulis ipſius ducantur ad idem
punctum F intra triangulum lineæ E F, A F, C F, quæ ex F. productæ occurrant lateribus in punctis deinceps B K D; Inſtitutum
eſt, ex prædictis angulis E A C ſuſpendere grauia I G H ; itaut
pondus G ad I ſit vt E D ad D A ; idem G ad H, vt C B ad B A ;
H ad I, vt E K ad K C ; pondus I ad duo G H, vt B F ad F E ; pondus verò H ad duo I G, vt D F ad F C, & demum, vt vnicum G
ad duo I H, ita K F ad F A.*

Fiat vt C B ad B A, ita pondus G ad H, & vt E D ad D A, ita *tab. 1.*
idem pondus G ad I. *fig. 5.*

Quoniam igitur figura E D B A C F eſt illa primi elementi, eſtq;
C B ad B A, vt G ad H, recta verò E D ad D A, vt G ad I ; etiam
D F ad F C, erit vt pondus H ad duo pondera I G ; itemque B F ad
F E, vt pondus I ad duo G H.

Inſuper quia F eſt centrum grauitatis, in quo eſt pondus grauiũ *corol. p. 1.*
I G H, producta A F tranſibit per K centrum reliqui ponderis I H, *lem. 1.*

A 2   ergo

ergo vt pondus I ad H, ita C K ad K E.

Rursus, quia A K est quædam libra, in cuius extremis A K sunt pondera G, & I H, erit in eadem libra A K centrum grauitatis præ- dictorum ponderum I G H, quod cum sit vnicum, sitque in vtraque libra D C, E B vt superius ostendimus erit necessariò in F; ergo erit vt K F ad F A, ita pondus G ad duo simul I H, quod erat facien-dum .

SCHOLIVM.

Cum hæc eadem reponetur figura, aggregatum ponderum I H, significabimus litera K, est enim in K centrum grauitatis, & propterea pondus grauium I H.

PROP. III. PROB. III. ELEM. III.

In triangulo E A C se inuicem secent duæ lineæ in G, quarum E B ducta ex vertice E secet basim in B, altera F D occurrat late-ribus A E, C E, in F, & D. Propositum nobis sit ex angulis eius-dem trianguli grauia suspendere; 1 in puncto C; duo L K in E, atque vnicum H in A, adeo vt K ad I sit vt recta C D ad D E; I ad H, vt A B ad B C; H ad L, vt E F ad F A; L K ad H I, vt B G ad G E, & duo H L ad duo K I, vt D G ad G F.

SIt L quodlibet pondus, & reperiatur aliud H ad quod primum pondus L eam rationem habeat, quam A F ad F E . Ponatur deinde I, ad quod pondus H habeat illam rationem, in qua est C B ad B A; item inueniatur pondus K, ad quod pondus I habeat ratio-nem, quam E D ad D C; dico problema esse absolutum.

Quoniam enim F D est quædam libra, in cuius extremo F est centrum, & ideo pondus grauium H L; in alio verò extremo D, est pondus grauium K I (cum eorum grauitatis centrum sit in puncto D) erit in eadem libra F D centrum grauitatis prædictorum ponderum H L K I. Similiter quoniam E B est libra in cuius extre-mo E sunt grauia L K, in alio verò extremo B est pondus grauium H I, erit in eadem libra E B centrum grauitatis eorumdem ponde-rum L K H I in eadem priori positione existentium: cum igitur tàm in libra F D, quam B E sit centrum grauitatis ponderum L K H I, cumque illud vnicum sit, erit in communi sectione G, & prop-terea L K ad H I erunt, vt recta B G ad G E, & vt K I ad L H, ita F G ad G D, quod erat &c.   SCHO.

SCHOLIVM.

Aggregatum ponderum L K significabimus litera E; pondus H litera A, & pondus I litera C connotabit; duo pondera K I exprimet D, duo L H litera F, & duo H I litera B indicabit; pondus verò L more analytico, seu algebrico ita scribemus F - A, hoc est F minus A, eademque ratione pondus K ita scribemus D - C; omnia verò pondera L H I K litera G significabit.

PROP. IV. PROB. IV. ELEM. IV.

Inter duas quasdam lineas A C, E F secent se inuicem in D tres lineae E C, A F, B G; oportet suspendere ex punctis A C E F grauia I H K L, itaut pondus L ad K sit vt recta E G ad G F; K ad H, vt C D ad D E; H ad I, vt A B ad B C; I ad L, vt F D ad D A; & denique duo I H ad duo K L se habeant vt G D ad D B.

POndus quoddam I ad L habeat eam rationem, quam F D ad tab. 1. D A; L ad K eam, quam E G ad G F; & K ad H illam, quam fig. 7. C D ad D E. Dico iam problemati nos satisfecisse.

Quoniam G est centrum grauitatis grauium K L, idemq; D est centrum grauitatis, tùm grauium I L, cùm ipsorum K H, erit propterea punctum D centrum quatuor grauium K L H I; ducitur verò libra G B ex G per D, ergo punctum B, in quo secat libram A C erit centrum grauitatis reliquorum ponderum I H; quare vt est pondus H ad pondus I, ita A B ad B C. Rursus quoniam B G est quædam alia libra, in cuius extremo B est centrum grauitatis, & propterea pondus grauium I H, & similiter in alio extremo G pondus grauium K L, erit in eadem libra B G centrum grauitatis prædictorum omnium grauium I H K L, quod cum vnicum sit, existatque in D, erit vt I H ad K L, ita G D ad D B, quod &c.

SCHOLIVM.

Ponderibus I H L K correspondebunt deinceps literæ A C F E; duabus verò I H litera B; duabus K L litera G; omnibus I H L K litera D; pro I L vsurpabimus A † F, hoc est A plus F, similiterq; pro duabus K H alias duas literas E † C minimè verò litteram D, quæ significat omnia pondera I H L K, vt diximus.

PROP.

PROP. V. PROB. V. ELEM. V.

Sit quadrilaterum AHIC, & in illo duæ lineæ BFG, EFD, oppositis lateribus occurrentes in punctis BGED, & se inuicem secantes in F; proportio autem lineæ IG ad GH sit composita ex rationibus partium reliquorum laterum, rectarum videlicet AE ad EH, CB ad BA, & ID ad DC. Propositum est pondera NM LK ex angulis HACI suspendere, ita vt pondus K ad L sit vt CD ad DI; L ad M, vt AB ad B.G; M ad N, vt HE ad EA; N ad K, vt IG ad GH; & duo grauia simul NM ad duo LK simul, vt DF ad FE; tandem, vt duo NK ad duo ML, ita BF ad FG.

tab. I.
fig. 8.
Fiat pondus K ad L vt CD ad DI; L verò ad M vt BA ad B.C, & M ad N vt HE ad EA; dico N ad K esse vt IG ad GH, & duo NM ad duo LK, vt DF ad FE.

Nam pondus N ad K componitur ex rationibus ponderum N ad M, M ad L, L ad K; Sed ex constructione, vt N ad M, ita recta AE ad EH; vt M ad L, ita recta CB ad BA; & vt L ad K, ita ID ad DC; ergo N ad K componitur ex rationibus rectarum AE ad EH, CB ad BA, & ID ad DC: verùm ex eisdem rationibus componitur (vt suppositum est) proportio rectæ IG ad GH; ergo vt IG ad GH, ita reciprocè pondus N ad K; itaque punctum G est centrum grauitatis ponderum NK: & quia BG est quædam libra, in cuius extremo B est centrum grauitatis, atque adeo totum pondus grauium ML; itemque in alio extremo G pondus est grauium NK; erit in ipsa libra GB centrum grauitatis omnium grauium MLNK. Rursus ED est alia libra, in cuius extremo E est centrum, & ideo pondus grauium NM, & in alio extremo D est eadem ratione pondus grauium LK; quare in hac etiam libra ED reperitur centrum grauitatis eorumdem grauium NMKL in illa priori positione. Cum igitur tam in libra GB, quàm in DE sit centrum grauitatis prædictorum ponderum MLKN, illudque sit vnicum, erit in communi sectione F; itaque vt duo simul pondera ML ad NK, sic erit GF ad FB, atque, vt duo MN ad duo KL, ita DF ad FE, quod &c.

COROLLARIVM.

Elicitur ex hac propositione, quod licet prædictum sic sectum qua-

quadrilaterum non in eodem plano iaceat, semper tamen iunctæ
ED, BG in vnico plano sunt; & vlterius ea omnia contingunt,
quæ supra ostendimus. Cum enim demonstratum sit in vtraque
libra ED, GB existere centrum grauitatis omnium grauium N M
L K, necesse est vt habeant aliquod punctum commune, in quo se
inuicem secent; quod cum ita sit, in eodem plano existent.

SCHOLIVM.

Pondera M L K N exprimemus deinceps literis A C I H; duo
vero M L litera B; duo L K litera D; duo K N litera G; duo
N M litera E indicabimus; sicuti, & quatuor N M L K litera F
exprimemus.

Constructis iam, explicatisque his quinque elementis, quæ
vtilitas, seriesq; varia Theorematum ex eorum commixtione sit
sequtura, & quanto Geometria bono, cuius fines amplificare hoc
qualicumque inuento conati sumus; palam ex sequentibus pro-
positionibus constabit.

LEMMA III.

SIt B centrum grauitatis ponderum A C. Dico pondus B, ag- *tab. 1.*
gregatum videlicet grauium A C ponderantium in B esse ad *fig. 9.*
pondus C, vt A C ad B A. Quoniam B est centrum grauitatis
ponderum A G, erit A ad C, vt C B ad B A, ergo componendo
erit pondus B ad C, vt C A ad B A, quod &c.

PROP. VI. PROB. VI.

Exposita primi elementi figura A E C F, intelligantur in A E
C pondera disposita A E C eamodo, quo ibi exposita fuere pon-
dera G I H, ita vt D sit centrum grauitati ponderum A E; B
ponderum A C, F omnium erunt itaque quatuor rationes A B ad.
B C, A D ad D E, E F ad F B, & C F ad F D, quarum duæ quæli-
bet si secundùm numeros dentur, reliquas duas inuestigabimus.

HViius problematis sunt sex casus; etenim (vt ex arte combi-
natoria) ductis quatuor (quot videlicet rationes sunt datæ)
in tria, numerum scilicet vnitate deficientem exurgit 12, cuius
medietas 6 præbet nobis numerum binariorum in quos distribui
potest prædictus numerus 4.   Dentur

tab. I.
fig. 4.

Dentur igitur primò duæ rationes E F ad F B; & C F ad F L prior fit vt 2 ad 1, altera autem vt 3 ad 2; debemus modo man: festare reliquas duas rationes C B ad B A, & E D ad D A.

Quoniam pondus B (aggregatum videlicet ex A C) ad C est (ex præmisso tertio lemmate) vt recta A C ad A B: componitur verò ratio ponderis B ad C ex rationibus ponderum B ad F, & F ad C: vt verò B ad F, ita E F ad E B, & vt F ad C, ita D C ad D F; erit ratio A C ad A B composita ex rationibus E F ad E B, & D C ad D F: quoniam verò E F ad F B est vt 2 ad 1, componendo autem, indè per conuersionem rationis, & conuertendo, E F ad E B est vt 2 ad 3, fuitque etiam C F ad F D, vt 3 ad 2, & componendo C D ad F D, vt 5 ad 2; erit recta A C ad A B composita ex rationibus 2 ad 3, & 5 ad 2, seu ex his, 2 ad 3, & 3 ad 1 ⅓; hoc est eadem A C ad A B, vt 2 ad 1 ⅔, seu vt 10 ad 6; quare diuidendo erit C B ad B A, vt 4 ad 6, seu vt 2 ad 3. Eadem ratione, quia pondus D ad E, componitur ex rationibus ponderum D ad F, & F ad E, rectarum vid. C F ad C D, atque E B ad B F; idem pondus D ad E, hoc est A E ad D A componetur ex rationibus 3 ad 5, & 3 ad 1 : ex his verò rationibus componitur illa 3 ad 1 ⅘, hoc est 9 ad 5; ergo A E ad D A est vt 9 ad 5, sed diuidendo E D ad D A erit vt 4 ad 5, est ergo C B ad B A, vt 2 ad 3, & E D ad D A, vt 4 ad 5, quod erat faciendum.

II. sint datæ duæ rationes E F ad F B, vt 4 ad 5, E D ad D A, vt 7 ad 9, debemus vestigare reliquas rationes C F ad F D, & C B ad B A.

Ratio rectæ A C ad C B, ponderis videlicet B ad A componitur ex rationibus ponderum B ad E, & E ad A, rectarum videlicet E F ad F B, & A D ad D E, hoc est ex rationibus 4 ad 5, & 9 ad 7; quare A C ad C B componitur ex rationibus 4 ad 5, & 9 ad 7: hæc autem composita ratio est ea quam habet 4 ad 3 ⅘, siue 36 ad 35, ergo A C ad C B est vt 36 ad 35, & diuidendo A B ad B C, vt 1 ad 35.

Similiter, quia C D ad C F, hoc est pondus F ad D componitur ex rationibus ponderum F ad E, & E ad D, rectarum videlicet E B ad B F, & D A ad A E, ex rationibus nempè 9 ad 5, & 9 ad 16; hæc autem ratio eadem est, ac illa, quam habet 9 ad 8 ⅛, seu vt 81 ad 80, erit diuidendo D F ad F C, vt 1 ad 80.

III. quòd si datis duabus rationibus C F ad F D, vt 4 ad 5, & C B ad B A, vt 7 ad 9; dabimus etiam eo pacto, quo supra A D

ad

ad DE, vt 1 ad 35; & BF ad FE, vt 1 ad 80.

IV. Sit ratio ED ad DA, vt 20 ad 21, & CB ad BA, vt 99 ad 25, & oporteat notificare duas rationes EF ad FB, & CF ad FD. Componitur ratio rectæ CF ad FD, ponderis nempe D ad C, ex rationibus ponderum D ad A, & A ad C, hoc est rectarum EA ad ED, & CB ad BA, videlicet ex rationibus 41 ad 20, & 99 ad 25 : sed 41 ad 5 componitur ex eisdem rationibus ; ergo CF ad DF est vt 41 ad 5 1, hoc est vt 4059 ad 500.

Eadem ratione quia EF ad FB, hoc est pondus B ad E componitur ex rationibus ponderum B ad A, & A ad E, linearum videlicet CA ad CB, & ED ad DA, nempe ex rationibus 124 ad 99, & 20 ad 21 ; cumque ex eisdem rationibus componatur ratio, quàm habet 124 ad 103 19/20, hoc est vt 2480 ad 2079, erit in eadem ratione EF ad FB.

V. Dentur duæ proportiones ED ad DA, vt 2 ad 1, & CF ad FD æqualitatis, oportet reliquas duas inuestigare, videlicet CB ad BA, & EF ad FB. Componitur CB ad BA, pondus nimirum A ad C ex rationibus ponderum A ad D ad C, rectarum videlicet ED ad EA, & CF ad FD ; hoc est ex rationibus 2 ad 3, & 3 ad 3, est igitur CB ad BA, vt 2 ad 3.

Similiter EB ad FB, hoc est ratio ponderis F ad E componitur ex rationibus ponderum F ad D ad E, rectarum videlicet CD ad CF, & AE ad AD, hoc est ex rationibus 2 ad 1, & 3 ad 1 ; sed ex eisdem rationibus componitur 2 ad 1, seu 6 ad 1, ergo EB ad BF est vt 6 ad 1, & diuidendo EF ad FB, vt 5 ad 1.

VI, & vltimo. Quòd si datæ proportiones fuerint CB ad BA, vt 2 ad 1, & EF ad FB æqualitatis ostendemus (vt supra factum est) ED ad DA, vt 2 ad 3, & CF ad FD, vt 5 ad 1.

SCHOLIVM.

Quoties autem problema fuerit impossibile ex ipsa operatione dignoscetur ; si enim data fuerit ratio D F ad F C æqualitatis, & similiter B F ad F E æqualitatis, dico esse impossibilem quæstionem. Cum enim pondus C ad B, hoc est recta A B ad A C componatur ex rationibus ponderum C ad F, & F ad B, rectarum videlicet D F ad D C, & E B ad E F, hoc est rationum 1 ad 2, & 2 ad 1 erit pars A B ad totum A C, vt 1 ad 1 pars æqualis toti, quod est absurdum. Hoc aut non dissimile absurdum semper sequitur

B

quitur quoties quæstio propasita est impossibilis.

Huius propositionis primam partem, seu casum primum, cuius titulum transmiseram amico meo; nulla adiecta, aut indicata solutione, demonstrauit geometricè nobilis adolescens multitudine linguarum, artium, & scientiarum varietate conspicuus Petrus Paulus Caravaggius Petri Pauli filius præceptoris sui. Eius demonstrationem appono, quæ methodum hanc staticam geometrica in luce collocabit.

Sit E F ad F B, vt 2 ad 1, & C F ad F D, vt 3 ad 2; dico E D ad D A esse vt 4 ad 5, & C B ad B A, vt 2 ad 3.

tab. 1.
fig. 9.

DVcatur GH paralella EC. Quoniam E C ad G F, est vt CD ad DF, videlicet vt 5 ad 2, & EC ad FH, vt 15 ad 5, erit EC ad GH, vt 15 ad 11; pariterque A E ad A G, & A C ad A H, vt 15 ad 11; igitur quarum partium A E est 15, erit GE 4, similiterque quarum partium A C est 15, erit HC 4; cum itaque sit G E ad E D, vt C F ad C D, videlicet vt 3 ad 5; si vt 3 ad 5 ita fiat 4 ad alium numerum, prodibit numerus 20 pro ED, cuius residuum ex EA 15 erit 15; erit igitur ED ad DA, vt 4 ad 5.

Similiter quoniam, quarum partium A C est 15, C H est 4, estque CH ad CB, vt 2 ad 3; erit CB 6, & BA 9: quare CB ad BA erit vt 2 ad 3.

PROP. VII. THEOR. I.

Recta D B secet vtcumque triangulum E A C, itaut fiat triangulum D A B, & iungantur B E, D C se inuicem secantes in F; dico D F ad F C eam habere rationem, quam habet pyramis, cuius basis triangulum A B D, & altitudo E F ad pyramidem, cuius basis triangulum A E C, & altitudo F B.

tab. 1.
fig. 10.

QVoniam ratio ponderis C ad D, rectæ videlicet D F ad F C componitur ex rationibus ponderum C ad B ad E ad D, rectarum videlicet A B ad A C, E F ad F B, & A D ad A E: ex ijsdem verò rationibus componitur ratio parallelepipedi contenti rectangulo A B in E F, tanquam basi, & altitudine D A, ad parallelepipedum contentum rectangulo A C in F B, tanquam basi, altitudine verò A E; ergo D F ad F C est vt parallelepipedum

factum

factum ex rectangulo A B in E F, altitudine D A, ad parallelepipedum ex A C in F B rectangulo, & altitudine A E, seu vt parallelepipedum contentum rectangulo D A B, altitudine E F, ad parallelepipedum contentum rectangulo C A E, & altitudine F B : componitur autem ratio horum duorum parallelepipedorum ex ratione,
quam habet rectangulum D A B basis vnius, ad rectangulum CAE
basim alterius, & altitudo E F ad altitudinem F B; rectangulum
verò D A B ad rectangulum C A E componitur ex rationibus rectarum A B ad A C, & D A ad A E, ex quibus componitur etiam
triangulum D A B ad triangulum A E C, cum angulus A ad ver- Ex Fede-
rico Com-
ticem communis sit; ergo D F ad F C componitur ex rationibus mand. in.
trianguli D A B ad triangulum E A C, & rectæ E F ad F B; hoc est 23. 6.
D F ad F C est in ea ratione in qua est pyramis, cuius basis triangulum D A B, & altitudo E F, ad pyramidem, cuius basis triangulum
A E C, & altitudo F B, quod &c.

COROLLARIVM.

*Hinc constat, si E F fuerit aqualis ipsi F B, esse triangulum
D A B ad triangulum A E C, vt est recta D F ad F C.* Cum enim
rectæ E F, F B sint æquales altitudines prædictarum pyramidum,
erunt iccircò inter se vt bases.

LEMMA IV.

*Si aliqua proportio fuerit composita ex pluribus deinceps ra-
tionibus, inde perturbato antecedentium, vel consequentium
ordine, siue etiam vtroque, vt fiant totidem alia rationes, com-
ponent istæ eandem priorem rationem.*

A	C	E	G	✚	K	M	░░░░░░░	O
B	D	F	H	I	L	N	▓▓▓▓▓▓▓	P

A	✚	K	E	C	G	M	░░░░░░░	Q
N	D	H	L	F	I	B	▓▓▓▓▓▓▓	R

SInt quotliber rationes, puta septem expositæ A ad B, C ad D,
E ad F, G ad H, ✚ ad I, K ad L, & M ad N : ratio verò ex ipsis
composita sit O ad P. Perturbato iam ordine antecedentiu m

ACEG ✚ KM inter se quomodocunque, vt sit A ✚ KECGM;
vel ordine consequentium BDFHILN; vt sit NDHLFIB.
Dico si ex rationibus A ad N, ✚ ad D, K ad H, E ad L, C ad F, G ad
I, & M ad B fiat ratio Q ad R, hanc similem esse priori O ad P.

Ex Clau.
ad prop.
19.8.

Nam ex multiplicatione laterum ACEG ✚ KM, vel ipsorum
A ✚ KECGM fit semper idem productum; pariterque idem
quod oritur ex ductu laterum BDFHILN, fit etiam ex multiplicatione laterum NDHLFIB; Ratio ergo producti priorum antecedentium ad productum priorum consequentium erit eadem
penitus ac illa producti postremarum, seu perturbatarum antecedentium, ad productum postremarum consequentium; sed vt O
ad P, ita productum ex antecedentibus prioris ordinis ad productum primi ordinis consequentium; itemque vt Q ad R ita productum ex secundi ordinis antecedentibus ad productum eiusdem
ordinis consequentium; ergo si duæ illæ rationes productorum (vt
ostendimus) sunt inter se similes, necesse est vt quoque similes sint
duæ rationes O ad P, & Q ad R, quod erat &c.

PROP. VIII. THEOR. II.

Posita eadem figura propositionis septima huius. Dico trian-
gulum EAC ad triangulum DAB, esse vt triangulum EFC ad
triangulum DFB.

tab. I.
fig. 10.
23.6.

R Atio trianguli EAC ad triangulum DAB componitur ex
rationibus laterum communem angulum EAC compre-
hendentiu, nimiru ex proportionibus EA ad AD, & CA ad AB;
sed ex vi primi elementi nostri recta EA ad AD, pondus videlicet
D ad E componitur ex rationibus ponderum D ad F ad E, seu ex
rationibus rectarum CF ad CD, & EB ad BF; Itemque CA ad
AB, hoc est pondus B ad C componitur ex proportionibus ponderum B ad F ad C, rectarum scilicet FE ad EB, & CD ad DF;
ergo triangulum EAC ad triangulum DAB componitur ex rationibus rectarum CF ad CD, EB ad BF, FE ad EB, & CD ad
DF, vel ex ijsdem, ordine ipsarum proportionum perturbato, hoc
est ex rationibus rectarum CF ad CD, CD ad DF, FE ad EB, &
EB ad BF: duæ vero priores componunt illam ex CF ad DF,
& duæ postremæ componunt rationem ex FE ad BF; ergo
trian-

triangulum EAC ad ipsum DAB componitur ex rationibus rectarum CF ad FD, & FE ad BF; sed ex eisdem circa æquales angulos ad verticem F componitur etiam triangulum EFC ad ipsum DFB; ergo vt triangulum EAC ad ipsum DAB, ita triangulum EFC ad ipsum DFB. 23. 6.

PROP. IX. PROB. VII.

Exposita secundi elementi figura, intellectisque ponderibus eodem modo suspensis; datis duabus quibuscunque rationibus ex sex ED ad DA; AB ad BC; CK ad KE; KF ad FA; DF ad FC; & EF ad FB oporteat quatuor reliquas indagare.

HVius problematis sunt quindecim casus; nàm ducto 6 in 5 fit productum 30, cuius semissis est 15, numerus videlicet binariorum ex sex deriuantium. *tab.* 1. *fig.* 5.

Sint igitur primum datæ duæ rationes ED ad DA, vt 6 ad 7; & AB ad BC, vt 8 ad 9; quas verò debemus manifestare sint EF ad ad FB; DF ad FC; KF ad FA; EK ad KC.

Iam in figura EACF cùm datæ sint duæ rationes ED ad DA, & AB ad BC, notæ erunt reliquæ duæ, videlicet DF ad FC, vt 16 ad 39, & EF ad FB, vt 34 ad 21: deinde quia in figura ACEF primi elementi dantur duæ rationes EF ad FB, vt 34 ad 21, & AB ad BC, vt 8 ad 9, dabuntur quoque duæ reliquæ rationes AF ad FK, vt 37 ad 18, & EK ad KC, vt 16 ad 21.

II. Quod si datæ rationes fuissent AB ad BC, vt 6 ad 7, & CK ad KE, vt 8 ad 9, darentur similiter quatuor rationes BF ad FE, vt 16 ad 39; AF ad FK, vt 34 ad 21; CF ad FD, vt 37 ad 18; AD ad DE, vt 16 ad 21.

III. Si verò essent duæ datæ rationes CK ad KE, vt 6 ad 7, & ED ad DA, vt 8 ad 9, eodem modo notas reddemus quatuor rationes KF ad FA, vt 16 ad 39; CF ad FD, vt 34 ad 21; EF ad FB, vt 37 ad 18; & CB ad BA, vt 16 ad 21.

IV. Sint datæ duæ rationes AF ad FK, vt 21 ad 13; & EK ad KC, vt 10 ad 11, debemus quatuor reliquas inuenire, nempè ED ad DA; AB ad BC; EF ad FB, & CF ad FD. Quoniam in primo elemento, cuius vertex C centrum F sunt datæ duæ rationes AF ad FK, vt 21 ad 13; EK ad KC, vt 10 ad 11; dabuntur duæ reliquæ

quæ

quæ E F ad F B, vt 23 ad 11, & A B ad B C, vt 10 ad 13; & quia rurſus in primo elemento, cuius vertex E, idemque centrum F ſunt datæ duæ rationes A F ad F K, vt 21 ad 13, & E K ad K C, vt 10 ad 11, reliquas item duas notificabimus; eritque E D ad D A, vt 13 ad 11, & C F ad F D, vt 24 ad 10.

V. Si verò datæ fuerint rationes duæ C F ad F D, vt 21 ad 13, & A D ad D E, vt 10 ad 11, erunt pariter notæ quatuor rationes A F ad F K, vt 23 ad 11; C K ad K E, vt 10 ad 13; A B ad B C, vt 13 ad 11, & E F ad F B, vt 24 ad 10.

VI. Et ſi datæ duæ rationes fuiſſent E F ad F B, vt 21 ad 13, & C B ad B A, vt 10 ad 11; eodem prorſus modo haberentur reliquæ quatuor rationes; hoc eſt C K ad K E, vt 13 ad 11; A F ad F K, vt 24 ad 10; C F ad F D, vt 23 ad 11, & A B ad B C, vt 10 ad 13.

VII. Habitis duabus rationibus E F ad F B æqualitatis, C F ad F D, vt 52 ad 18; & reliquas quatuor reperiemus. Eſt enim in elemento primo, cuius vertex A centrum F data vtraque ratio E F ad F B, & C F ad F D, quare duas reliquas non ignorabimus, videlicet C B ad B A, vt 17 ad 18, & A D ad D E, vt 35 ad 17. Sunt itaque datæ duæ rationes E F ad F B æqualitatis, & A B ad B C, vt 18 ad 17; propterea in primo elemento, cuius vertex C, & centrum F dabuntur etiam duæ reliquæ E K ad K C, vt 18 ad 35, & K F ad F A, vt 17 ad 53.

VIII. Et ſi datæ rationes fuiſſent E F ad F B æqualitatis, A F ad F K, vt 52 ad 18; cognoſcemus eadem ratione E K ad K C, vt 17 ad 18; C B ad B A, vt 35 ad 17; A D ad D E, vt 18 ad 35; & D F ad F C, vt 17 ad 53.

IX. At ſi duæ cognitæ rationes fuerint C F ad F D, vt 1 ad 1, A F ad F K, vt 52 ad 18; non latebunt quatuor reliquæ, eritque A D ad D E, vt 17 ad 18; E K ad K C, vt 35 ad 17; C B ad B A, vt 18 ad 35; & B F ad F E, vt 17 ad 53.

X. Sint datæ duæ rationes E D ad D A, vt 39 ad 105; B F ad F E, vt 105 ad 69, cognoſcemus etiam quatuor reliquas; nam in elemento primo, cuius vertex A, centrum F, dantur duæ expoſitæ rationes, ergo & duæ reliquæ palam fient, hoc eſt C F ad F D, vt 144 ad 30, & C B ad B A, vt 39 ad 30; Sed cum rurſus in alio elemento primo, cuius vertex C, idemque centrum F ſint notæ duæ rationes B F ad F E, vt 105 ad 69; & C B ad B A, vt 39 ad 30;

da-

dabuntur item residuæ rationes A F ad F K, vt 135 ad 39, & E K ad K C, vt 30 ad 105.

Reliqui verò quinque casus similes omninò sunt huic supradicto decimo, licet diuersa videatur positio, atque adeo eodem modo soluuntur, quod erat &c.

PROP. X. PROB. VIII.

Exposita eadem secundi elementi figura, datisque rationibus D A ad A B, & D E ad B C oporteat rationem C K ad K E manifestare.

SIT ratio D A ad A B, vt 2 ad 3, & D E ad B C, vt 5 ad 4; quia proportio C K ad K E, ponderis videlicet E ad C componitur ex rationibus ponderum E ad A ad C, rectarum videlicet A D ad D E, & C B ad B A; ex his autē rationibus componitur etiam rectangulum ex A D in C B, ad rectangulum ex D E in B A; quæ quidem rectangula componuntur etiam ex duabus rationibus D A ad B A, & C B ad D E, hoc est ex duabus 2 ad 3, & 4 ad 5; erit D A ad A B, vt 8 ad 15, nempè vt productum ex D A in C B ad productum ex B A in D E, quod erat &c.

tab. I.
fig. 5.

Idem geometricè ex prædicto Petro Paulo Caramaggio Iuniore.

Quarum partium E D est 2, sit C B 5; & quarum D A est 2, sit A B 3. Dico C K ad K E eandem rationem habere, quam habet rectangulum ex A D in C B ad rectangulum ex E D in E B, videlicet vt 5 ad 6.

QVoniam enim vt A D ad D E, ita triangulum A C D ad triangulum D C E, vt autem A D ad D E, ita est triangulum A F D ad triangulum D F E; ergo vt A D ad D E, ita erit triangulum A C F ad triangulum F C E. Similiter erit vt C B ad B A, ita triangulum E F C ad triangulum E F A; habet igitur triangulum A F C ad triangulum A F E rationem compositam ex A D ad D E, & C B ad B A; sed vt triangulum A F C ad triangulum A F E, ita C K ad K E; igitur C K ad K E habet rationem compositam

19. 5.

sitam

sitam ex AD ad DE, & CB ad BA; Sed ex ijsdem rationibus componitur ratio, quam habet rectangulum ex AD in BC ad rectangulum ex DE in BA; ergo vt rectangulum ex AD in BC ad rectangulum ex DE in BA, ita CK ad KE, quod erat &c.

Idem ego geometricè præstiti nondum tradita mihi solutione Carauaggÿ, sequenti lemmate præmisso.

LEMMA V.

Sit triangulum ABD, in quo se inuicem secent lineæ DGI, BGH, AGC in G; ex puncto autem A ducta FE parallela BD occurrat in punctis FE lineis CIF, & CHE; dico rectam FA esse æqualem AE.

tab. 2.
fig. 13.
2. 6.
11. 5.

PRoducantur BH, DI, donec occurrant in KL rectæ LK. Quoniam DC ad LA est vt CG ad GA, vt autem CG ad GA, ita BC ad AK, erit vt DC ad LA, ita BC ad AK, & permutando DC ad CB, vt LA ad AK. Rursus, quia CD ad AE est vt CH ad HE; vt autem CH ad HE, ita BC ad EK, erit CD ad AE, vt BC ad EK; & permutando CD ad CB, erit vt AE ad EK: deniq; quoniam similiter CD ad CB est vt LF ad FA, erunt

11. 5.

tres rationes LA ad AK, AE ad EK, LF ad FA similes eidem CD ad CB, & propterea etiam inter se; cum itaque sit vt LF ad FA, ita AE ad EK, & componendo vt LA ad AF, ita AK ad EK, erit permutando vt LA ad AK, ita AF ad EK; sed vt LA ad AK, ita

11. 5.
9. 5.

est quoque AE ad EK; ergo vt est AF ad EK, ita AE ad eandem EK; ergo FA, AE sunt æquales, quod &c.

Detur triangulum AHE, seque in illo inuicem secent in I lineæ EK, FA, HD; datis deinde rationibus AK ad AD, & KH ad DE in numeris oporteat inuestigare rationê EF ad FH.

tab. 2.
fig. 14.

DVcatur à puncto A recta BC parallela HE; à puncto verò F per KD ductæ rectæ FB, FC secent BC in punctis BC, ducatur denique ex A recta AG parallela CF occurrens productæ EH in G.

34. 1.
ex lem. 5.

Quoniam GA est parallela FC, & AC parallela GF, erit AF parallelogrammum, eritque GF æqualis AC, hoc est AB; cùm

itaque

itaque ratio EF ad FH componatur ex duabus rationibus EF ad FG, & FG ad FH, fitque vt EF ad FG, ita ED ad DA, vtque FG, hoc eft AB ad FH, ita AK ad KH, erit ratio EF ad FH compofita ex duabus rationibus ED ad DA, & AK ad KH; fed ex ijfdem componitur ratio rectanguli ex AK in DE ad rectangulum ex KH in AD, feu ex his duabus alijs KA ad AD, & DE ad HK; igitur etiam EF ad FH componitur ex ijfdem rationibus KA ad AD, & DE ad KH, quæ cum datæ fint, ratio EF ad FH manifefta erit, quod &c.

22. 5.

PROP. XI. THEOR. III.

Expofita rurfus figura fecundi elementi ED ABC F; dico AE ad AC componi ex rationibus triangulorum CFB ad DFE; & rectangulorum DEK ad BCK.

Componitur ratio EA ad AC ex rationibus AE ad AD ad AB ad AC; fimiliterq; ratio AE ad AD, ponderis nempè D ad E componitur ex rationibus ponderum D ad C ad E, rectarum videlicet CF ad FD, & EK ad KC, pariterque AB ad AC, hoc eft pondus C ad B componitur ex rationibus ponderum C ad E ad B, rectarum videlicet EK ad KC, & BF ad FE; ergo AE ad AC componitur ex rationibus CF ad FD, EK ad KC, AD ad AB, EK ad KC, & BF ad FE. Similiter AD ad AB componitur ex rationibus AD ad DE ad BC ad BA, feu ex ijfdem ordine perturbato, hoc eft ex rationibus AD ad DE, CB ad BA, & ED ad CB; & ratio CK ad KE eft illa, quæ componitur ex rationibus AD ad DE, & CB ad BA; quare AD ad AB conftituetur ex rationibus CK ad KE, & ED ad CB; componitur igitur ratio AE ad AC ex rationibus CF ad FD, EK ad KC, CK ad KE, ED ad CB, EK ad KC, BF ad FE, quarum duæ EK ad KC, & KC ad KE conftituunt vnicam KE ad KE æqualitatis, quæ cum non augeat, neque minuat rationum compofitionem, necefle eft vt AE ad AC componatur ex quatuor rationibus CF ad FD, ED ad CB, EK ad KC, & BF ad FE, vel ex ijfdem perturbato earundem ordine, videlicet ex CF ad FD, BF ad FE, ED ad CB, & EK ad KC; funt autem duæ priores rationes CF ad FD, BF ad FE illæ, quæ componunt rationem, quam habet triangulum CFB ad

tab. 1.
fig. 5.

C   DFE,

DFE, cum duo anguli ad verticem F æquales sint; duæ verò postremæ E D ad C B, & E K ad K C componunt rectangulum D E K
ad rectangulum B C K; ergo A E ad A C componitur ex rationibus trianguli C F B ad triangulum D F E, & rectanguli D E K
ad rectangulum B C K, quod &c.

PROP. XII. PROB. IX.

Exposita tertij elementi figura, ex quinque verò rationibus,
de quibus in ipso egimus elemento, datis tribus quibuscunque
oportet reliquas duas manifestare.

HVius problematis sunt decem casus; nàm numerus quinque
resoluitur in decem numeros binarios; ducto siquidem 5
in 4 fit 20, cuius medietas est 10.

tab. 2.
fig. 15.

Sint primùm datæ tres rationes A F ad F E, vt 3 ad 4, B G ad
G E æqualitatis, & C D ad D E, vt 5 ad 4, debemus reliquas duas
inuestigare, hoc est F G ad G D, & A B ad B C; & quia in hoc casu
tantùm non debet A C esse parallela F D, ducamus à puncto A
parallelam A H I.

Quoniam B G ad G H componitur ex rationibus B G ad G E, &
G E ad G H; estque G E ad G H, vt E F ad F A; erit B G ad G H
composita ex rationibus B G ad G E, & E F ad F A, videlicet ex
rationibus 4 ad 4, & 4 ad 3; & ideò B G ad G H erit vt 4 ad 3; &
diuidendo, B H ad H G, vt 1 ad 3; sed H G ad H E est vt 3 ad 7;
ergo ex æquali B H ad H E erit vt 1 ad 7. Rursus C D ad D I componitur ex proportionibus C D ad D E ad D I; sed E D ad D I est
vt E F ad F A; ergo C D ad D I composita est ex rationibus C D ad
D E, & E F ad F A, imò ex rationibus 5 ad 4, & 4 ad 3; quare
C D ad D I est vt 5 ad 3; & diuidendo, C I ad I D, vt 2
ad 3; I D verò ad I E, hoc est A F ad F E, vt 3 ad 7; igitur ex
æquali, vt C I ad I E, ita 2 ad 7; cum igitur in figura primi elementi, cuius vertex C, & centrum H, datæ sint duæ rationes C I ad I E,
vt 2 ad 7, & B H ad H E, vt 1 ad 7; etiam duæ reliquæ palàm
fient, hoc est I H ad H A, vt 7 ad 9, & C B ad B A æqualitatis; vt
verò I H ad H A, ita D G ad G F; ergo dedimus reliquas duas rationes F G ad G D, vt 9 ad 7, & C B ad B A, vt 1 ad 1, videlicet
æqualitatis.

II.

II. In inferiori figura eiufdem tertij elementi dentur tres rationes C D ad D E, vt 7 ad 4; C B ad B A, vt 2 ad 4; & D G ad G F, vt 5 ad 11, oportet reliquas duas rationes A F ad F E, & E G ad G B aperire.

Componitur proportio E A ad E F, ponderis nempè F ad A ex proportionibus ponderum F ad D ad C ad A; rectarum videlicet D G ad G F; E C ad E D; & A B ad B C; ex rationibus nimirum 5 ad 11 ad 4 ad 2; quare E A ad E F est vt 5 ad 2, diuidendoque, erit A F ad F E, vt 3 ad 2.

Rurfus E B ad E G, hoc est pondus G ad B componitur ex proportionibus ponderum G ad D ad C ad B, rectarum videlicet D F ad F G, E C ad E D, & A B ad A C; imò ex rationibus 16 ad 11 ad 4 ad 6; itaque E B ad E G est vt 16 ad 6, & diuidendo B G ad G E, erit vt 10 ad 6.

III. Quòd si datæ tres rationes fuerint A F ad F E, vt 7 ad 4, A B ad B C, vt 2 ad 4, & F G ad G D, vt 5 ad 11, eodem prorfus modo ostendemus C D ad D E, vt 3 ad 2, & B G ad G E, vt 5 ad 3.

IV. Dentur tres rationes B G ad G E, vt 8 ad 15; C D ad D E, vt 5 ad 7; & F G ad G D, vt 12 ad 11; debemus reliquas duas patefacere, hoc est A F ad F E, & A B ad B C. *tab. I. fig. 6.*

Recta A C ad A B, pondus videlicet B ad C, componitur ex rationibus ponderum B ad G ad D ad C, rectarum scilicet E G ad E B, F D ad F G, & C E ad E D; imò ex rationibus 15 ad 23 ad 12 ad 7; ergo A C ad A B est vt 15 ad 7, diuidendo verò est C B ad B A, vt 8 ad 7. Iam datis tribus proportionibus E D ad D C, vt 7 ad 5; F G ad G D, vt 12 ad 11; & C B ad B A, vt 8 ad 7; eo modo quo vsi fumus in prima parte fecundi cafus huius problematis, deprehendemus A F ad F E esse vt 3 ad 8.

V. Si verò cognitæ rationes erunt B G ad G E, vt 8 ad 15; A F ad F E, vt 5 ad 7; & D G ad G F, vt 12 ad 11; ostendemus fimiliter A B ad B C esse vt 8 ad 7; & C D ad D E, vt 3 ad 8.

VI. Habitis tribus rationibus E G ad G B æqualitatis, F G ad G D, vt 7 ad 3; & A B ad B C, vt 3 ad 2, debemus reperire reliquas duas A F ad F E, & C D ad D E. Componitur E C ad E D, pondus videlicet D ad C ex rationibus ponderum D ad G ad B ad C, imò ex rationibus 7 ad 10 ad 5 ad 3; ergo E C ad E D, est vt 7 ad 3; at diuidendo C D ad D E, vt 4 ad 3; itaque datis tribus rationibus B G ad G E æqualitatis; C D ad D E, vt 4 ad 3; & F G ad G D, vt

7 ad 3; dabitur etiam ex prima parte secundi casus ratio A F ad
F E, eritque vt 1 ad 2.

VII. Sint datæ tres rationes A F ad F E, vt 1 ad 6; E D ad D C,
vt 5 ad 4; & A B ad B C, vt 5 ad 6; debemus duas reliquas notificare, nempe F G ad G D, & E G ad G B. Componitur F G ad G D,
pondus nempe D ad F ex rationibus grauium D ad C ad A ad
F, rectarum videlicet E C ad E D; A B ad B C; & E F ad E A; hoc
est ex rationibus 9 ad 5 ad 6 ad 7, quare F G ad G D est vt 9 ad 7.

Deindè E B ad E G, hoc est pondus G ad B componitur ex rationibus grauium G ad D ad C ad B, rectarum nimirùm F D ad F G,
E C ad E D, & A B ad A C; imò ex rationibus 16 ad 9 ad 5 ad
11; ergo E B ad E G est, vt 16 ad 11; diuidendo autem, erit B G
ad G E, vt 5 ad 11.

VIII. Habitis tribus rationibus A F ad F E, rursus vt 1 ad 6, F G
ad G D, vt 9 ad 7; E D ad D C, vt 5 ad 4; oportet reliquas inuestigare, duas scilicet A B ad B C, & E G ad G B. Componitur A B ad B C, hoc est graue C ad A ex rationibus grauium C ad
D ad F ad A, rectarum nempe E D ad E C; F G ad G D; & E A
ad F E; imò ex rationibus 5 ad 9 ad 7 ad 6; ergo A B ad B C est,
vt 5 ad 6. Deinde quoniam pondus F - A ad pondus D - C componitur ex rationibus ponderum F - A ad F ad D ad D - C;
rectarum scilicet A F ad A E, D G ad G F, & C E ad D C; imò
ex rationibus 1 ad 7 ad 9 ad 4; erit F - A ad D - C, vt 1 ad 4;
& componendo E ad D - C erit vt 5 ad 4; & quia D - C ad G componitur ex rationibus grauium D - C ad D ad G, hoc est rectarum D C ad C E, & F G ad F D; imò ex rationibus 4 ad 9 ad 16;
erit D - C ad G, vt 4 ad 16; sed prius E ad D - C fuit, vt 5 ad 4;
ergo ex æquali E ad G, hoc est B G ad B E erit, vt 5 ad 16; conuertendo autem, indéque diuidendo, erit E G ad G B, vt 11 ad 5,
quod &c.

IX. Proponantur tres rationes C D ad D E, vt 4 ad 5; E G
ad G B, vt 11 ad 5; & A B ad B C, vt 5 ad 6; oporteatque
indagare reliquas duas. Componitur A F ad F E, pondus videlicet
F - A ad A ex rationibus grauium F - A ad E ad B ad A, & quia E
ad D - C constituitur ex rationibus grauium E ad B ad C ad D - C,
rectarum scilicet B G ad G E; A C ad A B; & E D ad D C; imò
ex rationibus numerorum 5 ad 11 ad 5 ad 4; erit pondus E ad
D - C, vt 5 ad 4; sed per conuersionem rationis, indéque

con-

conuertendo, erit F-A ad E, vt 1 ad 5; sed rationes ponderum E ad B ad A, rectarum nimirum B G ad G E, & A C ad B C sunt deinceps vt 5 ad 11 ad 6; ergo ex æquali A F ad F E erit vt 1 ad 6.

Similiter, quia F D ad G F, hoc est graue G ad D, componitur ex rationibus grauium G ad B ad C ad D, rectarum videlicet E B ad E G; A C ad A B; E D ad E C; seu ex rationibus 16 ad 11 ad 5 ad 9; erit F D ad G F, vt 16 ad 9; at diuidendo erit D G ad G F, vt 7 ad 9.

X. Quod si denique dentur tres rationes A F ad F E, vt 4 ad 5; E G ad G B, vt 11 ad 5; & C B ad B A, vt 5 ad 6; eodem ratiocinio manifestabimus C D ad D E, vt 1 ad 6; & F G ad G D, vt 7 ad 9, quæ &c.

PROP. XIII. THEOR. IV.

Exposita eiusdem tertij elementi figura iungantur insuper duæ lineæ AD, FC. Dico GD ad GF esse vt est pyramis, cuius basis triangulum EAD, & altitudo BC ad pyramidem, cuius basis triangulum CEF, atq; altitudo AB.

Q Voniam D G ad G F, pondus nimirum F ad D componitur ex *tab. 2.* rationibus F ad A ad C ad D, rectarum scilicet A E ad E F; *fig. 16.* C B ad B A; E D ad E C, vel ex ijsdem perturbatè, hoc est ex rationibus A E ad E F; E D ad E C; & C B ad B A; ex prioribus autem duabus componitur triangulum AED ad triangulum C F E (quòd angulus ad E communis sit) erit D G ad G F composita ex rationibus trianguli A E D ad E F C, & rectæ C B ad B A; hoc est D G ad G F est, vt pyramis, cuius basis triangulu m AED, altitudoque BC, ad pyramidem, cuius basis triangulu m EFC, & altitudo AB, quod est &c.

COROLLARIVM.

Constat, si CB fuerit æqualis ipsi AB, esse GD ad GF, vt triangulum EAD ad triangulum CFE.

PROP.

PROP. XIV. THEOR. V.

Iisdem manentibus dico C B ad B A esse, vt est pyramis, cuius basis triangulum F E C, & altitudo G D ad pyramidem, cuius basis triangulum A E D, altitudo verò G F.

Recta C B ad B A, pondus videlicet A ad C, componitur ex rationibus ponderum A ad F ad D ad C, rectarum videlicet E F ad E A, G D ad G F, & E C ad E D, seu ex iisdem perturbatè sumptis, hoc est ex rationibus E F ad E A, E C ad E D, & G D ad G F; sed ex prioribus duabus componitur ratio trianguli F E C ad triangulum D E A, vt diximus in antecedenti theoremate; ergo C B ad B A componitur ex rationibus trianguli F E C ad triangulum D E A, & rectæ G D ad G F; hoc est C B ad B A est vt pyramis, cuius basis triangulum F E C, & altitudo G D ad pyramidem, cuius basis triangulum D E A, & altitudo G F.

COROLLARIVM.

Manifestum est, quod, si G D fuerit aqualis ipsi G F, habebit C B ad B A eandem rationem, quam habet triangulum C E F ad triangulum A E D.

PROP. XV. THEOR. VI.

Exposita figura tertij elementi ducantur insuper duæ lineæ A G, B F, ostendendum est G D ad D F esse, vt est pyramis, cuius basis triangulum A E G, & altitudo B C ad pyramidem, cuius est basis triangulum F E B, & altitudo A C.

tab.2.
fig. 17.

Qvoniam D G ad F D, pondus nimirum F ad G componitur ex rationibus granium F ad A ad B ad G, rectaru videlicet A E ad E F, C B ad C A, & E G ad E B; ex his verò rationibus perturbatè sumptis, videlicet A E ad E F, E G ad E B, & C B ad C A, componitur quoq; ratio pyramidis, cuius basis triangulum A E G, & altitudo C B ad pyramidem, cuius basis triangulum F E B, & altitudo C A; erit D G ad F D, vt dicta pyramis altitudinis C B ad aliam pyramidem altitudinis C A, quod erat &c.

PROP.

PROP. XVI. THEOR. VII.

Ijsdem positis dico B C ad C A esse, vt est pyramis, cuius basis triangulum F E B, altitudo G D ad pyramidem, cuius basis triangulum E A G, & altitudo F D.

COmponitur ratio CB ad C A, ponderis videlicet A ad B, ex rationibus ponderum A ad F ad G ad B, rectarum videlicet EF ad EA, D G ad DF, & E B ad E G, & ex ijsdem etiam perturbatè sumptis, hoc est ex EF ad EA, EB ad EG, & D G ad D F; triangulum autem F E B ad triangulum A E G componitur ex rationibus FE ad EA, & E B ad E G (cum angulus AEB communis sit) ergo B C ad C A erit vt pyramis, cuius basis triangulum FEB, altitudo G D, ad pyramidem, cuius basis triangulum A E G, & altitudo D F, quod erat &c.

PROP. XVII. PROB. X.

Exposita quarti elementi figura, ex quinque verò rationibus de quibus in eodem elemento egimus, habitis tribus quibuscunque institutum est reliquas duas inuestigare.

HAbet hoc problema decem casus, veluti antecedens. I. Sint datæ tres rationes ED ad DC, vt 5 ad 4, GD ad DB, vt 6 ad 7, & F D ad D A, vt 1 ad 3 (in hoc tantùm primo casu non debent esse inter se parallelæ duæ rectæ A C, E F) oportet igitur duas reliquas rationes indagare, hoc est AB ad BC, & EG ad GF.

Cum igitur A C, E F parallelæ non sint, productæ conuenient, vt in H; itaque quia in figura A C H F E D primi elementi, cognitæ sunt duæ rationes ED ad DC, vt 5 ad 4, A D ad D F, vt 3 ad 1; manifestabimus etiam (ex primo casu sexti problematis) duas reliquas rationes, eritque EF ad FH, vt 11 ad 16; A C verò ad A H, vt 11 ad 20. Rursus in alia figura G F H B A D eiusdem elementi habentur duæ rationes A D ad D F, vt 3 ad 1; BD ad DG, vt 7 ad 6; ergo, vt supra, dabimus reliquas duas, videlicet H F ad F G, vt 28 ad 11, & HA ad AB, vt 24 ad 11. Verùm quia C A ad A B

com-

componitur ex rationibus A C ad A H ad A B, numerorum videlicet 11 ad 20, & 24 ad 11, ex quibus componitur ratio 66 ad 55; erit CA ad AB, vt 66 ad 55, & diuidendo, CB ad BA, vt 11 ad 55, imò vt 1 ad 5. Similiter quia E F ad F G componitur ex rationibus rectarum E F ad F H ad F G, videlicet numerorum 11 ad 16, & 28 ad 11, ex quibus fit ratio 11 ad 6$\frac{2}{7}$, immò 77 ad 44; erit diuidendo E G ad G F, vt 33 ad 44, feu vt 3 ad 4.

II. Sit dicta figura quarti elementi quomodolibet fuppofita, habitifque tribus rationibus A B ad B C, vt 5 ad 1, B D ad D G, vt 7 ad 6, & E G ad G F, vt 3 ad 4, oporteat reliquas duas rationes indagare, nimirum E D ad D C, & F D ad D A. Componitur recta F D ad D A, pondus nempè A ad F, ex rationibus ponderum A ad B ad G ad F, rectarum videlicet C B ad C A, G D ad D B, & E F ad E G, imò ex rationibus 1 ad 6 ad 7 ad 3; quarè F D ad D A eft, vt 1 ad 3. Eadem ratione quia E D ad D C, hoc eft graue C ad E componitur ex rationibus grauium C ad B ad G ad E, rectarum nempè A B ad A C, G D ad D B, & E F ad G F; imò ex rationibus 5 ad 6 ad 7 ad 4; erit E D ad D C, vt 5 ad 4.

III. Cognitis tribus rationibus A D ad D F, vt 3 ad 1, F G ad G E, vt 4 ad 3, & E D ad D C, vt 5 ad 4, fi fufpendamus grauia iuxta tres illas notas rationes, confequemur duas reliquas A B ad B C, vt 5 ad 1, & G D ad D B, vt 6 ad 7.

IV. Idem fiet fi tres rationes fuerint E D ad D C, vt 3 ad 1; C B ad B A, vt 4 ad 3, & A D ad D F, vt 5 ad 4, reperiemus enim E G ad G F, vt 5 ad 1, & B D ad G D, vt 6 ad 7.

tab. 2.
fig. 19.

V. Habeantur tres rationes F G ad G E, vt 4 ad 3, E D ad D C, vt 5 ad 4, & C B ad B A, vt 1 ad 5; debemus reperire reliquas duas B D ad D G, & F D ad D A, quod (nè obliuifcamur methodi, qua vfi fumus ab initio) fic præftabimus. Fiat vt 3 ad 4, hoc eft vt recta G E ad F G, ita pondus F 3 ad pondus E 4; atque vt C D ad D E, hoc eft vt 4 ad 5, ita pondus E 4 ad pondus C 5; & denique vt A B ad B C, hoc eft vt 5 ad 1, ita pondus C 5 ad pondus A 1. Quoniam punctum B eft centrum grauitatis grauium A 1, C 5; Itemque G centrum grauitatis ponderum E 4, F 3; erit in libra G D B centrum grauitatis omnium grauium A 1, C 5, E 4, F 3; eft autem D centrum grauitatis duorum grauium E 4, C 5; ergo fi poffibile eft vt ponamus aliquod aliud punctum h, vt centrum

trum

trum grauium A 1, F 3, erit in recta D H, puta in I centrum grauitatis omnium grauium, & ideo (vt prius oftenfum eft) non foret
in libra B D G, quia vnicum eft, quod cum fieri nequeat debet
idem punctum D efle centrum grauitatis omnium grauium, itemque grauium A 1, F 3, & grauium E 4, C 5; propterea vt B 6 ad
G 7, ita recta G D ad D B, vtq; A 1 ad F 3, ita F D ad D A.

VI. Quod fi tres cognitæ rationes fint E G ad G F, vt 4 ad 3;
F D ad D A, vt 5 ad 4; & A B ad B C, vt 1 ad 5, eadem ratione cognofcemus reliquas duas G B ad D B, vt 6 ad 7; & E D ad D C, vt
2 ad 3.

VII. Habitis tribus rationibus E D ad D C, vt 1 ad 2, A B ad *tab. I.*
B C æqualitatis, & G D ad D B, vt 1 ad 3, oporteat reliquas duas *fig. 7.*
inueftigare, E G fcilicet ad G F, & A D ad D F. Componitur G F
ad F E, pondus fcilicet E ad G, ex rationibus grauium B ad C ad B
ad G, rectarum videlicet C D ad C E; A B ad A C, & G D ad D B;
imo ex rationibus numerorum 2 ad 1 ad 2 ad 6, quare G F ad F E
eft vt 2 ad 6, conuertendo autem, indoque diuidendo, erit E G ad
G F, vt 2 ad 1. Rurfus quia D F ad D A, pondus videlicet A ad F
componitur ex rationibus grauium A ad C ad E ad F, rectarum
videlicet C B ad B A; E D ad D C; & F G ad G E, feu ex rationibus
1 ad 1 ad 2 ad 4; erit D F ad F A, vt 1 ad 4.

Alios verò tres cafus eodem modo oftendemus; etenim huic
feptimo funt fimiles. Conftat igitur totum problema.

COROLLARIVM.

Quod fi angulus A D C intelligatur fupra angulum E D F, li-
*nea A D in lineam E D; B D in D G, & C D in D F cadet; *
linea verò A B C lineas E D, G D; F D fecabit, ex quo fiet,
vt figura elementi quarti transeat in illam tertij, & viceuerfa
hæc in illam, fi in priftinam pofitionem angulus ille reftituatur;
quare fi in figura elementi quarti pro rationibus E D ad D C, F D
ad D A, fumantur duæ E D ad D A, & F D ad D C; inde tres
qualibet, vt diximus, data fint rationes reliquas quoque duas
notificabimus; idemque præftabimus in figura tertij elementi
commutatis rationibus A E ad E F, C D ad D E in rationes
A E ad E D, & C E ad E F.

D PROP.

PROP. XVIII. THEOR. VIII.

Posita eadem elementi quarti figura ducatur insuper linea E A, F G, dico G F ad G E, esse vt est pyramis, cuius basis triangulum F D C, altitudo verò A B ad pyramidem, cuius basis triangulum A D E, & altitudo G B.

tab. 2.
fig. 20.

Componitur proportio rectæ G B ad G E, illa nempe ponderis E ad F ex rationibus grauium E ad C ad A ad F, rectarum videlicet C D ad D E, A B ad B C, & F D ad D A; vel ex ijsdem perturbatè acceptis, nempe ex C D ad D E, F D ad D A, & A B ad B C, hoc est ex rationibus trianguli F D C ad triangulum E D A, & ex rectà A B ad B C; sed ex ijsdem rationibus componitur pyramis, cuius basis triangulum F D C, altitudo verò A B ad pyramidem, cuius basis triangulum A D E, & altitudo B C; ergo vt prior pyramis ad hanc, ita G B ad G E, quod &c.

COROLLARIVM.

Patet, si rectà A B æqualis sit rectæ B C, esse triangulum B D C ad triangulum A D E, vt recta G F ad G E.

PROP. XIX. THEOR. IX.

Exposita eadem figura quarti elementi ducamus insuper duas lineas E B, G C. Dico G F ad F E esse, vt est pyramis, cuius basis triangulum C D G, & altitudo A B, ad pyramidem, cuius basis triangulum B D E, & altitudo A C.

tab. 2.
fig. 21.

Componitur ratio G F ad F E, ponderis videlicet E ad G, ex rationibus grauium E ad C ad B ad G, rectarum videlicet C D ad D E, A B ad A C, & G D ad D B; vel ex ijsdem perturbatè acceptis, nempe ex rationibus C D ad D E, G D ad D B, A B ad A C, hoc est ex triangulo C D G ad triangulum E D B; & ex rectà A B ad A C; ex his verò rationibus componitur ratio pyramidis, cuius basis triangulum C D G, altitudo A B, ad pyramidem, cuius basis triangulum E D B, & altitudo A C; ergo vt illa ad istam pyramidem, ita G F ad F E, quod &c.

PROP. XX. PROB. XI.

Exposita quinti elementi figura, & ex sex rationibus, de qui-
bus in eodem elemento egimus datis tribus quibuscunque reli-
quas duas inuenire.

PRoblema hoc habet viginti casus; nam multiplicato 6 in 5 sit
30, ex cuius dimidio 15 ducto in 4 sit 60; huius tertia pars
est 20, numeris scilicet omnium ternariorum prouenientium ex
numero 6.

tab. 2.
fig. 22.

I. Sint datæ tres rationes CD ad DE, vt 12 ad 8, EF ad FG, vt
4 ad 12, & GH ad HA, vt 8 ad 4; debemus reliquas tres inuestigare. Vt factum est in elemento quinto suspendamus ex angulis
CEGA grauia CEGA, itavt pondera sint inter se reciprocè, vt
sunt longitudines ex quibus pendent; Itaque si C ponderabit vt
4, ponderabit E vt 6, quia ED ad DC est, vt 8 ad 12, vel 4 ad 6.
Eadem rationem existente E vt 6, erit G vt 2; nam GF ad FE est
vt 12 ad 4, seu 6 ad 2; & denique si G fuerit 2 erit A 4; est enim
AH ad HG, vt 4 ad 8, imò vt 2 ad 4; quare C erit 4, E 6, G 2, &
A 4; est verò (vtpotè figura elementi quinti) AB ad BC, vt pondus C 4 ad pondus A 4; ergo AB ad BC erit vt 4 ad 4, videlicet
æqualitatis; deindè HI ad ID, vt pondus D 10 ad pondus H 6;
hoc est vt 10 ad 6; & pariter BI ad IF, vt graue F 8 ad B 8, nempe
vt 8 ad 8, seu æqualitatis, & ideo manifestauimus tres reliquas
rationes AB ad BC æqualitatis, quemadmodum BI ad IF, & HI
ad ID, vt 10 ad 6, vel 5 ad 3.

II. III. IV. Si verò tres datæ rationes fuerint EF ad FG; GH ad
HA; AB ad BC: vel GH ad HA; AB ad BC, & CD ad DE: vel
AB ad BC; CD ad DE; EF ad FG, eodem modo, vt supra, ab-
soluemus problema.

V. Sint datæ tres rationes AB ad BC, vt 5 ad 6; BI ad IF
æqualitatis; & GF ad FE, vt 8 ad 3; oporteatq; reliquas notificare. Suspendamus ex angulis grauia CEGA, vt docet elementum quintum, erit ergo vt AB ad BC, hoc est vt 5 ad 6, ita graue
C ad A: si igitur C pendit 5, A pendet 6. Deindè quia vt FI ad IB,
idest, vt 1 ad 1, ita pondus B 11 ad F, erit F quóque 11; est autem
GF ad FE, vt 8 ad 3; & componendo GE ad FE, vt 11 ad 3, in

qua proportione est etiam pondus F ad G ; ergo cum F pendat 11, pendet G 3, & reliquum pondus E 8 ; itaque ſtatim habentur reliquæ, hoc eſt H I ad I D, vt pondus D 13 ad pondus H 9 ; itemque A H ad H G ; vt graue G 3 ad graue A 6 ; & denique C D ad D E, vt graue E 8 ad graue C 5.

VI. Quod ſi tres datæ rationes fuerint eædem quas modò manifeſtauimus, dabimus reliquas tres eodem modo.

VII. Dentur tres rationes G F ad F E, vt 6 ad 5 ; H I ad I D ſvt 13 ad 9, & F I ad I B, vt 5 ad 11, videlicet æqualitatis, debemus reliquas etiam inueſtigare. Quoniam vt G F ad F E, ita pondus E ad G ; eſt verò G F ad F E, vt 6 ad 5 ; ſi ergo ponatur pondus E eſſe 6, erit G 5 ; deinde quia vt B I ad I F, imò vt 11 ad 12, ita F pondus ad B ; eſtque F 11, ergo B erit pariter 11, quare pondus I erit 22, eſt autem H I ad I D, vt 13 ad 9 ; ergo componendo H D ad D I, hoc eſt pondus I ad H ; erit vt 22 ad 9 ; & ideò cum pondus I ſit 22, erit graue H 9 ; eſt autem pondus I 22 æquale ponderibus H 9, & D, igitur D erit 13 ; ſimiliter quia H 9 eſt æquale duobus ponderibus G 5, & A ; & D 13 æquale duobus ponderibus E 6, & C, erit A 4, & C 7 ; eritque propterea A B ad B C, vt pondus C 7 ad pondus A 4 ; H ad H A, vt pondus A 4 ad pondus G 5 ; & denique E D ad D C, vt pondus C 7 ad E 6.

VIII. IX. X. Si verò tres datæ rationes fuerint A B ad B C, H I ad I D, B I ad I F : vel tres C D ad D E, B I ad I F, & D I ad I H : aut tres G H ad H A, F I ad I B, & H I ad I D ; eodem ratiocinio problemati ſatisfaciemus.

XI. Sint vlterius datæ tres aliæ rationes G H ad H A, vt 5 ad 17, F I ad I B, vt 7 ad 16, & G F ad F E, vt 15 ad 17, oportet reliquas tres indagare.

Quia, vt G H ad H A, hoc eſt vt 5 ad 17, ita pondus A ad G, ſi graue A ſit 5, graue G erit 17. Item cum E F ad F G, hoc eſt 17 ad 15, ſit vt pondus G ad E, & pondus G ſit 17, pondus E erit 15 ; & denique, quia B I ad I F, hoc eſt 16 ad 7 ; vel 32 ad 14 eſt vt pondus F ad B, cumque F ſit 32, erit B 14 ; ſed B 14 eſt pondus grauium A 5, & C ; ergo C erit 9, atque adeò C D ad D E erit vt pondus E 15 ad pondus C 9 ; ſimiliter A B ad B C erit vt C 9 ad A 5 ; & denique H I ad I D erit vt D 24 ad H 22.

XII. XIII. XIV. XV. XVI. XVII. XVIII. Septem alij caſus huic prædicto ſimiles eodem modo ſoluuntur.

XIX.

XIX. Sint datæ rationes G F ad F E, vt 8 ad 9, HI ad I D, vt 15 *tab. 2.*
ad 19, & A B ad B C, vt 7 ad 10. *fig. 23.*

Cauendum tamen est, si tres G E, H D, A C, fuerint parallelæ,
ne aliæ tres G A, F B, E C sint æquidistantes.

Hvnc casum resoluemus algebricè per secundas radices hoc
pacto.

Quoniam vt G F ad F E, ita pondus E ad G, si ponatur E ℞ 1, erit
G ℞ 1⅛. Item quia A B ad B C, est vt pondus C ad A, si voluerimus vt C pendat A 1, A pendet A 1 ³⁄₇, & quia HI ad I D est vt
pondus D ad H, ponitur verò D vt 15, erit H vt 19, verùm quia
19, pondus nimirum H æquatur duobus ponderibus G A, hoc est
℞ 1⅛ ✛ A 1 ³⁄₇; & D æquale est duobus C E, hoc est 15, nimirū ℞ 1
✛ 1 A; erit vt 19 ad 15, ita ℞ 1⅛ ✛ A 1 ³⁄₇ ad ℞ 1 ✛ 1 A; quare
productum ex medijs, æquale erit ei quod ex extremis, nempe
℞ 19 ✛ 19 A æquale erit ℞ 16⅞ ✛ A 21 ³⁄₇; ablatisq; communiter
℞ 16⅞ ✛ 19 A relinquetur æquatio inter ℞ 2⅛, & A 2 ³⁄₇; & si fiat
vt A 2 ³⁄₇ ad ℞ 2⅛, ita A 1 ad alium numerum prodibit ℞ ¹¹⁹⁄₁₃₆, pretiū
vnius A, & idcircò ℞ 1 ¹¹⁹⁄₁₃₆, hoc est ℞ ²⁵⁵⁄₁₃₆ æqualis erit numero absoluto 15, aggregato vid. duorum grauium C E, hoc
est ℞ 1 ✛ A 1. Diuiso igitur 15 per fractionem ²⁵⁵⁄₁₃₆ exit absolutus
numerus ²⁰⁴⁰⁄₂₅₅, hoc est 8 pretium vnius radicis, & propterea graue
E, quod ponebatur ℞ 1, erit 8; & G ℞ 1⅛ erit 9. Deinde quia (vt
diximus superius) pōdus D æquatur duobus E C, hoc est 15, erit
E 8, & C 7; quarè A 1 est 7; igitur A nimirùm A 1 ³⁄₇ erit 10. quod
cum ita sit, erit G H ad H A, vt pondus A 10 ad pondus G 9;
C D verò ad D E, vt pondus E 8 ad pondus C 7; & denique F I ad
I B, vt B 17 ad pondus F 17, quod erat &c.

XX. vltimò. Si datæ rationes fuerint G H ad H A, F I ad I B, &
E D ad D C, supposita figura, vt dictum est, erit hic casus similis
præcedenti XIX.; atque adeò tres reliquas, simili artificio, aperiemus.

PROP. XXI. THEOR. X.

Exposita secundi elementi figura iungatur insuper D B, quæ secet A K in L. Dico B L ad L D esse vt pondus D ad B; K L verò ad L A vt duplum ponderis G ad pondus K.

tab. 2.
fig. 24.

INtelligantur in A suspensa duo pondera G. Quoniam D est centrum duorum grauium I G, itemque B centrum duorum H G, erit in libra D B centrum grauitatis omnium grauium I G G H. Pariter quia K est centrum duorum grauium I H, & in A est duplum ponderis grauis G; erit in libra A K centrum omnium grauium I H G G; quod cum vnicum sit, in communi sectione L librarum D B K A existet, & ideo vt B L ad L D, ita pondus D ad pondus B; atq; vt A L ad L K, ita pondus K ad duplum G, quod &c.

PROP. XXII. THEOR. XI.

Duæ lineæ A B, B C comprehendentes angulum B secent alias duas lineas A D, D C comprehendentes angulum D, secent, inquam, in punctis A C, sintque lineæ C B, B A, A D, D C ita diuisæ in punctis F G H E, vt ratio D E ad E C componatur ex rationibus B F ad F C, A G ad G B, & D H ad H A. Dico iunctas H F, G E se inuicem secare, puta in I, ideoque in vno plano existere: hoc autem vt constet, suspendere oportebit ex punctis A B C D grauia L M N K, ita vt G I ad I E sit vt duo grauia K N ad duo L M; & H I ad I F, vt duo M N ad duo L K, quod sic præstabimus.

tab. 3.
fig. 25.
26. 27.

FIat vt B F ad F C, ita graue N ad M; vt A G ad G B, ita M ad L; & vt D H ad H A, ita L ad K. Pondus N ad K componitur ex rationibus grauium N ad M ad L ad K, videlicet ex rationibus rectarum B F ad F C, A G ad G B, & D H ad H A; ex ijsdem verò componitur D E ad E C; ergo vt D E ad E C, ita N ad K. Cum igitur E sit centrum libræ C D, hoc est grauium N K; & G centrum grauium L M, erit in libra G E centrum omnium grauium K N L M; eademque ratione cum H sit centrum grauium L K, & F sit centrum grauium M N, erit item in libra H F centrum omnium grauium L K M N in eadem priori positione, quod cum vnicum sit,

ne-

necesse est, vt librae, seu lineae GE, HF se inuicem secent, vt in I,
eritque hoc centrum vtriusque librae, & propterea vt H I ad I F,
ita duo grauia M N ad duo L K; similiter vt recta GI ad I E, ita
duo grauia K N ad duo grauia L K, quod &c.

PROP. XXIII. THEOR. XII.

Sit pyramis, cuius vertex G, basis autem triangulum A E C;
& descripta in triangulo E G C secundi elementi figura, qualis
est E I G L C D K, iungamus duas lineas A I, A L; sumpto autem
in A G quolibet puncto N, ducamus N E secantem A I in H, &
N G secantem A L in M; actisque insuper lineis G H F, G M B,
intelligamus iunctas esse C F, A D, E B. Dico prius has lineas in
eodem puncto veluti P sese inuicem secare; praeterea conceptis
intra pyramidem lineis A K, E M, C H, G P, F L, I B, N D, has
quoque sibi ipsis in eodem simul puncto O occurrere.

Vt autem haec liquido constent suspendemus de more ex an-
gulis eiusdem pyramidis in ratione reciproca longitudinum
grauia R S Q T; quo posito tria qualibet ad reliquum, vel duo
quauis ad reliqua, siue duo qualibet ad vnum, aut tandem vnum
ad vnum erunt inter sese reciprocè mixta quadam concordia, vt
longitudines ex quibus pendent.

Fiat vt G I ad I E, ita pondus S ad Q, vt C L ad L G, ita pondus *tab. 3.*
Q ad T, atque vt A N ad N G, ita pondus Q ad R; sitque R in *fig. 28.*
A, S in E, T in C, & Q in G; quia in elemento secundo cuius grauia S Q T, & centrum K, est G I ad I E, vt pondus S ad Q, C L verò
ad L G, vt Q ad T, erit ex prob. 2. Etiam C D ad D E, vt S ad T,
eademque ratione in elemento secundo, cuius grauia sunt R Q S,
erit E F ad F A, vt R ad S. Pariter in elemento secundo, cuius grauia R Q T, & centrum M erit recta A B ad B C, vt pondus T ad R;
igitur cum E F ad F A sit vt R ad S, C D ad D E, vt S ad T, & A B ad
B C; vt T ad R; lineae E B, A D, C F secabunt sese in eodem puncto veluti P: fiet autem ex ipsis vnà cum triangulo A E G elementum secundum, cuius grauia R S T, & centrum P; quare in linea
G P erit centrum grauitatis omnium grauium R S T Q; & pariter
quia H est centrum grauitatis grauium R S Q, K grauium S Q T,
& M grauium R Q T, erit idem centrum grauium R S T Q in

vna-

vnaquaque librarum A K, EM, CH; at quia vnicum illud est, lineæ G P, A K, EM, CH occurrent sibi ipsis in eodem puncto O,
nempe in centro grauitatis: grauium omnium R S T Q. Deinde
quia L est centrum grauitatis grauium Q T, & F grauium R S, erit
in libra F L punctum O, vtpotè centrum grauitatis grauium
R S T Q: idem dic de libris I B, D N; omnes igitur libræ, seu lineæ
G P, A K, E M, C H, F L, I B, D N, sibi ipsis in eodem puncto O
communi centro occurrent; & ideò vt C O ad O H, ita tria grauia
R Q S; hoc est pondus H ad C; vt E O ad O M, ita pondus M, tria
videlicet grauia R Q T ad S; vt A O ad O K, ita pondus K, grauia
videlicet S Q T ad R; & vt O G ad O P, ita pondus P, seu grauia
S T R ad Q; item vt pondus L ad F, hoc est grauia Q T ad R S, ita
F O ad O L; vt pondus N ad D, grauia nempè R Q ad S T, ita D O
ad O N; & vt pondus I ad B, grauia nimirum Q S ad R T, ita B O ad
O I. Reliquæ verò rationes ex secundis elementis, quorum centra H M K P innotescunt, & ideò totum propositum manifestũ est.

PROP. XXIV. THEOR. XIII.

Sit pyramis, cuius vertex E, & basis quodlibet quadrilate-
rum C B A D; ductisque intra triangulum B E C, tribus rectis se
inuicem secantibus in eodem puncto N, vt sunt lineæ B N K, C N O,
E N P, adeò vt fiat figura secundi elementi; iungantur A O, D K,
& in triangulis B E A, C E D perficiantur duæ figuræ eiusdem
elementi B O E F A R Q, & C K E G D M L; iunctis verò lineis
A G, D F secantibus sese in H producatur E H in I, & iungantur
duæ lineæ I P, R M, vt sibi ipsis occurrant in puncto S. Demùm
intelligantur intra pyramidem lineæ E S, Q M, H P, L R, N I;
dico has secari in eodem puncto veluti T. Vt autem hoc demon-
stremus suspendemus, vt factum est in præcedenti, ex angulis
eiusdem pyramidis quinque pondera ✚ V X Z R, quorum duo
qualibet ad reliqua; vel duo ad duo, aut duo ad vnum, siue vnum
ad vnum, vel vnum ad quatuor erunt reciprocè inter se, vt lon-
gitudines earum librarum ex quibus pendent.

tab. 3. Fiat vt D G ad G E, ita pondus R ad ✚, vt C K ad K E, ita R ad Z;
fig. 29. atque vt A F ad F E, ita R ad V. Iam quia in quatuor singulis
figuris elementi secundi, quas in superficie pyramidis, basi excepta,

con-

conſtruximus, tria pondera adaptauimus iuxta leges ſecundi elementi, erit B R ad R A, vt pondus V ad ✛; C P ad P B, vt ✛ ad Z, &
D M ad M C, vt Z ad X. Quare cum D I ad I A, hoc eſt pondus V
ad X componatur ex rationibus ponderum V ad ✛ ad Z ad X, rectarum videlicet B R ad R A, C P ad P B, & D M ad M C, erit A R
B P C M D I A S figura elementi quinti, cuius grauia V ✛ Z X;
itaque cum in S ſit centrum illorum, & in E ſit graue ℞, erit in linea E S centrum grauitatis omnium grauium V ✛ Z X ℞. Rurſus
quia in R eſt centrum grauium V ✛, atque in L centrum grauium
℞ Z X, erit item in libra R L centrum omnium grauium V ✛ Z X ℞
in eadem priori poſitione, quod cum vnicum ſit, exiſtatque eadem
ratione in libris pariter N I Q M H P, neceſſe eſt, vt ad inuicem
ſecentur omnes dictæ lineæ E S, L R, N I, Q M, H P, in eodem
puncto, veluti T, quod cum ſit ſimul centrum earundem librarum,
conſtat R T ad T L eſſe vt tria grauia Z ℞ X ad duo V ✛; I T ad
T N, vt tria grauia ✛ ℞ Z ad duo V X; M T ad T Q, vt tria ✛ V ℞
ad duo Z X; H T ad T P, vt duo ✛ Z ad tria V ℞ X; & demùm E T
ad T S, vt quatuor V ✛ Z X ad ℞; Reliquæ verò rationes ex elementis ſecundo, & quinto manifeſtæ ſunt; patet ergo propoſitum.

PROP. XXV. THEOR. XIV.

Sit pyramis, cuius vertex M, baſis autem triangulum A E C,
& ducta ✛ H, quæ ſecet E M in ✛, atque A M in H, ab eodem
quomodolibet aſſumpto puncto K iungamus duas lineas K H, K ✛;
linea verò M F ſecet H ✛ in G; item M B ſecet H K in I, & M D
ſecet K ✛ in L; iunctiſque F B, A D ſibi occurrentibus in O, agan-
tur rectæ H L, I G, M O. Dico has ſe inuicem ſecare, vt in ℞;
grauia verò ſuſpenſa ex angulis ſeruabunt, vt in præcedentibus,
illam concordiam rationum.

Fiat vt C B ad B A, ita pondus P ad Q, vt autem E D ad D C,
ita Q ad R, vt verò A F ad F E, ita R ad S; quo poſito punctum O erit centrum grauitatis ponderum S P Q R. Deindè vt
M K ad K C, ita fiat pondus Q ad V, & vt M ✛ ad ✛ E, ita R ad X;
eritq; ſimiliter punctum L centrum grauitatis grauium R Q V X;
Demùm vt M H ad H A, ita ponatur pondus S ad Z, & P ad T, &
erit G pariter centrum grauitatis grauium R X Z S, I verò grauium P T V Q, & H grauium S Z T P; Quamobrem perſpicuum
eſt in vnaquaque librarum H L, I G, M O exiſtere centrum grauitatis grauium omnium ſuſpenſorum, quod cum vnicum ſit, neceſſe

tab. 3.
fig. 30.

E   eſt

est vt se inuicem in eodem puncto veluti ꝓ secent; est autem huiusmodi centrum illud etiam earundem librarum; ergo constat propositum.

PROP. XXVI. THEOR. XV.

Sit pyramis, cuius vertex H, & basis triangulum A E C; productis verò planis triangulorum A H E, E H C, C H A vltra punctum H secentur hæc alio plano; sintque horum planorum communes sectiones lineæ A H I, C H N, E H L, N L, N I, I L; & constructa in basi propositæ pyramidis figura elementi secundi A F E D C B G, iungantur lineæ F H, D H, B H, quæ productæ occurrent lateribus oppositi trianguli; itaque occurrant in punctis deinceps K M O, & iungantur lineæ N K, I M, L O; Dico has in eodem puncto P se inuicem secare, & insuper, si iuncta G H producatur, occurrere triangulo opposito, in prædicto puncto P. Hoc verò, vt manifestum fiat suspendemus ex angulis duorum triangulorum N L I, A E C in ratione reciproca longitudinum, pondera Q S R X V T, quæ ita sibi inuicem pulcherrimè respondebunt, vt vnum ad vnum, vel duo ad vnum, aut duo ad duo, vel tria ad tria, sint inter sese, vt sunt reciprocè longitudines ex quibus pendent.

tab.3.
fig.31.
Fiat vt E D ad D C, ita pondus R ad S; vt A F ad F E, ita S ad Q; vt N H ad H C, ita R ad X; vt L H ad H E, ita S ad V; & vt I H ad H A, ita Q ad T; sit autem R in C, S in E, Q in A, T in I, V in L, & X in N; Quoniam igitur E D ad D C est vt R ad S, & A F ad F E, vt S ad Q, erit G centrum grauium Q S R, & B centrum ipsorum Q R. Et quia I H ad H A est, vt Q ad T; A B ad B C, vt R ad Q (cum B sit centrum grauium Q R) & N H ad H C, vt R ad X, erit, ex quarto problemate, punctum O centrum grauium X T. Eadem ratione quia F est centrum grauitatis grauium Q S, H grauium Q T, & S V, erit K centrum grauium V T. Pariter cum D sit centrum grauium S R; H verò R X, & S V, erit M centrum grauium X V, & propterea iunctæ lineæ N K, I M, L O in eodem puncto P se inuicem secabunt, eritque illud centrum grauium X V T; est autem punctum H centrum grauium S V, R X, Q T, ex lem.1. omnium videlicet S V R X Q T, & G centru grauiũ Q S R, producta igitur libra G H transibit per P centrum reliquorum grauium X V T; eritq; G H ad H P, vt tria grauia X V T ad tria Q S R, & sic de alijs enunciatis rationibus.

STATICÆ
CONSTRVCTIONIS
LIBER SECVNDVS.

LEMMA I.

Si qualibet figura rectilinea, circulo, vel ellipsi, ita fuerit circumscripta, vt singula eius latera prædictum circulum, aut ellipsim tangant; sic ipsa latera per contactus dividentur, vt ratio partium vnius, ex rationibus partium similiter sumptarum reliquorum deinceps laterum componatur.

IT circa circulum, vel ellipsim BDF, triangulum ECA, vel quadrilaterum ACEG; seu quodlibet aliud polygonum, puncta verò contactus sint BD F. Ostendendum est CD ad DE, in triangulo componi ex rationibus AF ad FE, & CB ad BA, sed in quadrilatero, ex tribus rationibus GF ad FE, A ad G, & CB ad BA.

tab.4.
fig. 32.
33. 34

In circulo tangens DC æqualis est CB; BA ipsi AF; & FE ipsi ED; (si figura circumscripta triangulū sit) ergo quia CD ad DE cōponitur ex rationibus DC ad CB; CB ad BA; BA ad AF; AF ad FE; FE ad ED; si auferantur rationes æqualitatis DC ad CB; BA ad AF; FE ad ED, remanebit composita ex duabus tantum rationibus CB ad BA; AF ad FE, vel ex ijsdem perturbatè acceptis; nempe AF ad FE, & CB ad BA. Eadem ratione demonstrabimus in quadrilatero, quod circumscriptum est circulo, rationem CD ad DE componi ex rationibus GF ad FE; A ad G, & CB ad BA: quare manifestum est id, quod proposuimus, quoties triangulum, seu quadrilaterum, vel quolibet aliud polygonum fuerit circa circulum.

Sed si fuerit circa ellipsim, fieri potest, vt cylindrum aliquem inveniamus, cuius eadem proposita ellipsis sit sectio (hoc autem inferius demonstrabimus) huius itaque cylindri basis sit circulus

tab.4.
fig. 35.

E 2   GLI,

GLI, dicta verò ellipsis sit sectio cylindri, quam indicent literæ
FDB, cui circumscriptum sit triangulum EAC; à contactibus
verò FDB circumscriptæ figuræ cadant in puncta GIL circum-
ferentiæ, lineæ FG, DL, BI; deindè plana ducamus per EA, FG,
AC, BI, & EC, DL, hæc tangent cylindri superficiem secundùm
lineas FG, DL, BI. Producto demùm basis plano sint omnes
horum planorum communes sectiones ME, AH, CK; itemque
MGH, HIK, KLM. Et quia priora plana ducta sunt per lineas
FG, BI, DL, quæ inter sese sunt æquidistantes, erunt & eorum
planorum communes sectiones, veluti AH, CK, EM inter se, &
lateribus prædictis FG, BI, DL parallelæ; ideoq; erit AF ad FE,
vt HG ad GM, CB ad BA, vt KI ad IH, & CD ad DE, vt KL ad
LM; componitur verò, in circulo GLI, ratio KL ad LM ex rationibus HG ad GM, & KI ad IH; ergo etiam CD ad DE componetur ex rationibus AF ad FE, & CB ad BA. Similiter ostendemus in quadrilatero CBA ✠ GFED, rationem CD ad DE componi ex rationibus EF ad FG; A ✠ ad ✠ G; & CB ad BA. Eodem processu vtemur, si circumscripta sit figura quælibet alia,
quod erat &c.

*Prop. 19.
l. 6. Eucli-
dis restitu-
ti à Io: Al-
phonso Bo-
relii.*

*Schol. pr.
2. lib. 4.
eiusdem
Borelii.*

LEMMA II.

*Reliquum est vt ostendamus id, quod in superiori lemmate
assumpsimus; proposita videlicet qualibet ellipsi, puta FDB ✠,
cylindrum quendam reperire, ipsumque plano sic abscindere,
vt facta sectio, similis, & æqualis sit propositæ ellipsi.*

*tab. 4.
fig. 36.*

SIT axis propositæ ellipsis linea ✠ D, secunda verò diameter
FB, cui sumatur æqualis AC, circa quam describatur circulus AC; iam quilibet Cylindrus rectus, non autem Scalenus,
super dictum circulum, tanquam basim constitutus, erit quæsitus.
Ponamus illum esse, cuius parallelogramum per axem sit
AMGC, & ipsius diagonalis GA maior sit axe ✠ D, latus verò
GM sit minus axe: ergo si centro G, interuallo linea GE æquali
✠ D, circulus describatur, diuidet eiusdem circuli circumferentia lineam AM; sit ideo sectionis punctum E, & iuncta GE producatur ad partes basis, vt secet AC productam in O, à quo puncto agamus lineam ON in eodem circuli plano perpendicularem

ad

ad O C, perque lineas O N, G E O, ducto plano, fiat in cylindro se- *ex Sereno*
ctio G I E H, quæ cum ellipsis fit, oftendemus etiam effe fimilem, *de fectione*
& æqualem propofitæ F✠BD. Diuidamus enim rectam E G *cylindri.*
bifariam in P, per quod vtpote centrum ellipfis tranfeat vfque ad
cylindri fuperficiem ex vtraque parte producta recta I P H parallela N O, erit hæc propterea ordinatim applicata, & ad rectos an- *ex eodem*
gulos ad axem E G, & ideo linea I P H dicetur fecunda diameter, *Sereno.*
quæ quidem æqualis erit ipfi A C, feu F B. Iam fi concipiamus
ellipfim E I G H fuperpofitam ellipfi D F✠B, ita vt congruat
linea ✠ D lineæ G E, congruet etiam linea F B ipfi I H, atque adeò
(quod etiam oftendemus) ellipfis ellipfi coaptabitur, quod &c.

LEMMA III.

Si, concepta ellipfi fuper ellipfim, duæ coniugatæ diametri Def. 1.
vnius, duabus alterius congruerint; erunt ellipfes prædictæ conicor.
inter fe fimiles, & æquales.

S IT ellipfis F A B C E fuperpofita ellipfi B A C E D, quarum *tab. 4.*
coniugatæ diametri A E B C communes fint. Dico fectiones *fig. 37.*
iftas fibi inuicem congruere; Nam fi fieri poteft affignetur aliquod punctum veluti F, quod fit in vna tantùm ellipfi. Ordinatim
applicetur ad diametrum E A linea F D G fecans alteram ellipfim
in D, dictamque diametrum in G: inde à puncto E conftituamus
ad rectos angulos ipfi A E rectam E H tertiam proportionalem
duarum E A, B C; Erit igitur E H latus rectum, & E A tranfuer- *15. l. 1.*
fum; verùm quia tàm applicata F G, quam D G poteft idem rec- *conic.*
tangulum G E H deficiens figura fimili, & fimiliter pofita ei quæ
lineis A E, E H continetur, erunt dictæ duæ applicatæ, propter
ellipticas fectiones, longitudine etiam inter fe æquales, totum
fcilicet parti, quod eft abfurdum; quare non poteft affignari punctum, quod in vtraque ellipfi non exiftat, atque adeò prædictæ
ellipfes fimiles, & æquales inter fe erunt, quod &c.

PROP.

PROP. I. THEOR. I.

Si circulo, vel ellipsi fuerit circumscriptum quodlibet trian-
gulum; rectæ lineæ à contactibus deductæ ad oppositos angulos
eiusdem trianguli, se inuicem in eodem puncto secabunt, & in-
surget, ablato circulo, figura illa, quam in secundo elemense con-
siderauimus.

tab. 4.
fig. 38.

SIT circulus, vel ellipsis B F I, circa quam sit triangulum
A G C, contingens prædictam sectionem in punctis F I B,
iunctæq; duæ lineæ A I, C F se inuicem secent in E; dico quod si
iungatur G E, & protrahatur, transibit per reliquum contactum B.
Si enim hoc verum non est transeat per H; & quia propter elementum secundum recta CH ad H A, pondus videlicet A ad C
componitur ex rationibus grauium A ad G ad C, hoc est rectarum
G F ad F A, & C I ad I G; itemque propter conicam sectionem,

lem. 1.
2. huius.

recta C B ad B A ex ijsdem duabus rationibus componitur, erit vt
CH ad H A, ita C B ad B A, & componendo, C A ad A H, vt C A
ad A B; ideoque A H erit æqualis ipsi A B, totum scilicet parti,
quod est absurdum. Necesse est igitur, vt iuncta linea G E si producatur cadat in contactum B.

COROLLARIVM.

Hinc manifestum est, quod, si ratio C B ad B A componatur ex
rationibus G F ad F A, G I ad I G, & iungantur A I, C F, G B, con-
uenient in E. Nam si exempli gratia G B non transeat per E, in
quo se mutuò secant A I, C F, si iungatur G E, & producatur, ca-
det in aliud punctum H. Erit igitur CH ad H A, vt ostensum est,
propter elementum secundum, composita ex rationibus G F ad
F A, & C I ad I G: Quare vt C B ad B A, ita C H ad H A, & com-
ponendo, vt C A ad A B, ita C A ad A H, quod est absurdum.

❊❊❊❊❊❊❊

PROP.

PROP. II. THEOR. II.

Si circulo, vel ellipsi circumscriptum fuerit quoddam qua-
drilaterum, & iungantur opposita puncta contactuum, ita vt iun-
gentes lineæ se inuicem intra circulum, vel ellipsim secent, erit
huiusmodi figura, ablata coni sectione, illa eadem, quam in
quinto elemento consider auimus.

NAM accepta figura lemmatis primi si concipiantur ductæ *tab. 4.*
duæ lineæ B F, D✠, manifestum est propositum, quia ibi *fig. 32.*
ostendimus C D ad D E componi ex rationibus G F ad F E, A✠ ad 33. 34.
✠ G, & C B ad B A.

PROP. III. THEOR. III.

Si in triangulo duo latera angulum comprehendentia simili-
ter secentur, basi verò bifariam secta, ab angulis ad opposita
sectionum puncta lineæ ducantur, istæ se inuicem in eodem
puncto secabunt; ita vt figura ex ijsdem lineis composita sit
illa secundi elementi.

SIT triangulum A C E, vtque A B ab B C, ita ponatur E D ad *tab. 5.*
D C; basis verò A E sit in G bifariam secta, & iunctis A D, E B *fig. 39.*
secantibus se se in F, connectamus lineam C F: Dico, hanc productam transire per punctum G; quod si verum non sit, incidat si
fieri potest in H; & quia, propter elementum secundum, E H ad
H A, graue nimirum A ad E componitur ex rationibus grauium A
ad C ad E, rectarum videlicet C B ad B A, & E D ad D C; imò
rectarum C B ab B A ad B C; erit E H ad H A, vt B C ad B C; &
ideo E H æqualis erit ipsi H A: Sed etiam E G est æqualis G A;
ergo vt E H ad H A, ita E G ad G A; & componendo, vt E A ad
A H, ita eadem E A ad A G, quare A G erit æqualis ipsi A H, totum videlicet parti, quod est absurdum; non igitur in H, sed in G
cadet linea C F, quod &c.

✠✠

PROP.

PROP. IV. THEOR. IV.

Si in quadrilatero ductæ fuerint duæ se inuicem secantes
lineæ, quarum vnaquæque duo oppofita latera in eadem ratione
diuidat, figura refultans erit quintum elementum.

tab.5.
fig.40. SIT quadrilaterum A C E G, fitque C B ad B A, vt E F ad F G,
itemq; E D ad D C, vt G H ad H A, & iungantur lineæ B F,
H D, quæ fe inuicem fecent in I. Dico figuram hanc illam effe,
quam in quinto elemento confiderauimus. Si enim hoc verum
non eft, ratio E D ad D C, non erit illa, quæ componitur ex rationibus A B ad B C, G H ad H A, & E F ad F G. Sit igitur alia E K
ad K C. Itaque cum E K ad K C componatur ex prædictis rationibus, imò ex ijfdem A B ad B C, E F ad F G, & G H ad H A perturbatè acceptis; quin etiam ex rationibus A B ad B C, C B ad B A,
& G H ad H A; feù tandem ex rationibus A B ad B A, & G H
ad H A; vel ex ipfis G H ad H G ad H A; erit E K ad K C, vt G H ad
H A. Sed in eadem ratione eft etiam E D ad D C; ergo vt E K ad
K C, ita E D ad D C, & componendo, E C ad C K erit vt eadem
E C ad C D, æqualis igitur eft C K ipfi C D, totum parti, quod eft
abfurdum, quod &c.

PROP. V. THEOR. V.

Si tria trianguli latera ita diuifa fint, vt ratio partium vnius
fiat ex rationibus partium reliquorum laterum : inde iunctis
diuifionum punctis, tribus rectis lineis, adeout ex ipfis conftet
triangulum infcriptum priori, cuius etiam latera eodem modo
partiamur; demum verò ab angulis trianguli ad reperta puncta
fecunda diuifionis, tres alias lineas ducamus, ifta fi producan-
tur in idem punctum conuenient.

tab.5.
fig.41. SIT triangulum A D G, cuius tria latera G A, A D, D G, ita
diuifa fint in H C E, vt G H ad H A componatur ex rationibus
D C ad C A, G E ad E D. Iungantur lineæ H C, C E, E H, quæ ita
fecentur in punctis N L K; vt fimiliter E L ad L C componatur ex
rationibus H N ad N C, & F K ad K H. Iungamus demum lineas

DL,

DL, G K, A N. Dico, has productas, in eodem puncto se inuicem secare. Producantur ergo, & linea G K occurrat lateri D A in B; ipsa verò D L lateri A G in I, & recta demum A N secet D G in F.

Quoniam in elemento tertio, cuius grauia A; C-A; E-G; G, quorum centrum L; recta G I ad I A, hoc est pondus A ad G componitur ex rationibus grauium A ad C ad F ad G, rectarum videlicet C D ad D A; E L ad L C; & D G ad E D; ratio autem E L ad L C componitur ex rationibus H N ad N C, & E K ad K H; erit G I ad I A composita ex rationibus C D ad D A; H N ad N C; E K ad K H; & D G ad E D; Seu ex rationibus C D ad C A ad A D; H N ad N C; E K ad K H; D G ad G E ad E D; ex duabus verò rationibus D C ad C A, & G E ad E D componitur H G ad A H, quæ est composita ex duabus H G ad G A ad A H; ratio igitur G I ad I A, componetur ex rationibus, licet perturbatè sumptis H G ad G A ad A H; C A ad A D; D G ad G E; H N ad N C; & E K ad K H; vel denuo ex ijsdem perturbatè acceptis, nimirum H G ad G A; E K ad K H; D G ad G E; C A ad A D; H N ad N C; G A ad A H; & quia in elemento tertio, cuius grauia A; H-A; E-D; & D, quorum centrum K, componitur D B ad B A, pondus videlicet A ad D ex rationibus ponderum A ad H ad E ad D; imò rectarum H G ad G A; E K ad K H; & D G ad G E; & in elemento pariter tertio, cuius grauia D; C-D; H-G; G, centrumque N, ratio G F ad F D, ponderis nempe D ad G componitur ex rationibus ponderum D ad C ad H ad G, rectarum scilicet C A ad A D; H N ad N C; & G A ad A H: ratio G I ad I A, quæ composita fuit ex rationibus H G ad G A; E K ad K H; D G ad G E; C A ad A D; H N ad N C; & G A ad A H, componetur etiam ex rationibus D B ad B A, & G F ad F D; ideoque ex coroll. prop. 1. huius, lineæ A N, D L, G K conuenient in idem punctum, quod erat &c.

PROP. VI. THEOR. VI.

Si latera, & basis trianguli bifariam secta sint, atque à sectione basis duæ rectæ indefinitæ per diuisiones laterum ducantur; inde per verticem trianguli, extra ipsum, alia quædam recta perducta secet eas lineas, quas egimus à dicto basis puncto; tandem à duobus illarum diuisionum punctis ad angulos basi

F   *adia-*

adiacenteſ, & ad eaſdem partes ducandum tiſce aſt trium iſtæ inter ſe parallelæ :

tab. 5.
fig. 42.

SIT triangulum D A G, cuius & latera D A, A G, & baſis D G bifariam ſecentur in punctis E K F, iunctiſq; F E, F K protrahantur indefinitè; ducta verò vtrinq; per verticem A, recta B A H quomodocunque ſecante prædictas lineas indefinitas in punctis B H, ita tamen vt tota ſit extra triangulum A G D, iungantur B D, H G ; dico has parallelas inter ſe eſſe. Vel enim B H, D G ſunt inter ſe æquidiſtantes, vel non; Si fuerint æquidiſtantes iungatur E K, quæ erit parallela ipſi D G, & propterea etiam rectæ B H. Quare cum D G ad E K ſit vt D A ad A E, ſiue vt A D ad D E, vel B F ad F E propter ſuppoſitas parallelas; vt verò B F ad F E, ita B H ad E K ; eandem proportionem habebit D G ad E K, quam B H ad eandem E K, & ideo D G, B H æquales erunt, ſuntq; etiam æquidiſtantes, ergò B H G D ſpatium parallelogrammum erit, & ideo H G, B D erunt etiam ipſæ æquidiſtantes : Quod ſi B H, D G parallelæ non ſint protrahantur donec ſibi occurrant in puncto I. Et quia B I ad I H componitur ex rationibus B I ad I A ad I H; recta verò B I ad I A, hoc eſt pondus A ad B in elemento primo, cuius grauia B I D, & centrum E, componitur ex rationibus grauium A ad E ad B, rectarum videlicet E D ad D A, & F B ad F E; eſt verò F B ad F E, hoc eſt B H ad H A, vt F H ad H K ob parallelogrammum A K F E; erit B I ad I A compoſita ex rationibus E D ad D A, & F H ad H K. Item, quia in elemento primo, cuius grauia A I F, & centrum K, componitur I A ad I H, pondus videlicet H ad A, ex rationibus ponderum H ad K ad A, rectarum ſcilicet K F ad F H, & A G ad G K; vt autem A G ad G K, ita D A ad D E, componitur igitur I A ad I H ex rationibus K F ad F H, & D A ad D E; idcirco prior ratio B I ad I H fiet ex rationibus E D ad D A, F H ad H K, K F ad F H, & D A ad D E; vel ex iiſdem perturbatè ſumptis, hoc eſt ex rationibus E D ad D A ad D E, K F ad F H ad H K; itaque vt B I ad I H, ita K F ad H K.

Rurſus D I ad I G componitur ex rationibus D I ad I F ad I G : Sed in elemento primo, cuius grauia D I B, & centrum E, recta D I ad I F, hoc eſt pondus F ad D componitur ex rationibus ponderum F ad E ad D, rectarum ſcilicet E B ad B F, ſeu A B ad B H; imò K F ad F H, & D A ad A E. Pariterque in primo elemento,

cuius

cuius grauia FIA, & centrum K, recta IF ad IG componitur ex
rationibus ponderum G ad K ad F, rectarum videlicet KA ad AG,
& FH ad HK; ergo prior ratio DI ad IG componitur ex rationibus rectarum KF ad FH; DA ad AE; KA ad AG, & FH ad
HK; vel ex ijsdem perturbato ordine, nimirum ex rationibus KF
ad FH ad HK; KA ad AG, & DA ad AE, vel AG ad KA.
Quare DI ad IG erit vt KF ad HK, nempe in eadem ratione in
qua fuit BI ad IH; idcircò BD parallela erit eidem GH, quod &c.

PROP. VII. THEOR. VII.

Si tria triangula latera eo modo sint divisa quo fuere latera
trianguli elementi secundi, & iungantur divisionum puncta tri-
bus rectis lineis, quae bifariam secentur, & ad earum sectiones
ab angulis correspondentibus lineas deducamus, si hae producan-
tur se inuicem secabunt in eodem puncto, hoc autem punctum erit
intra triangulum constans ex prioribus iunctis lineis.

SIT triangulum ABC, cuius latera ita divisa sint in DFE, vt
ratio CF ad FA fiat ex rationibus BE ad EA, & CD ad DB;
iungantur verò FD, DE, EF, quae secentur bifariam in KHG.
Dico iam, si iungamus etiam lineas AG, CH, BK, in eodem
puncto sibi omnes occurrere, & quidem intra triangulum DEF.

Nam CF ad FA componitur ex rationibus BE ad EA, & CD
ad DB; itemque EK ad KD, ratio scilicet æqualitatis, componitur ex duabus rationibus æqualitatis FH ad HD, & EG ad GF:
ergo si protrahantur tres lineæ AG, CH, BK, in idem simul
punctum convenient. Quod si quis neget hoc punctum intra
triangulum EFD existere, erit necessariò in vna linearum BK,
AG, CH; alioquin tres istæ lineæ non in eodem puncto sibi oc-
currerent; ponamus ergo illud esse primum in linea BK in I;
adeout productæ lineæ AG, CH, cadant in I. Quoniam, iunctis
KG, KH, spatium GKHF est parallelogrammum, secat autem
linea AC ipsam GF, si producatur AC versus C, & KH versus H
convenient in M; eademque ratione protractæ KG, CA ad puncta EA convenient in L. Demum iunctæ EL, DM, erunt hæc
(ex antecedenti) parallelæ inter se; quare AE, CD non convenient in B, quod est contra hypothesim; & ideo lineæ AG, CH

tab. 5.
fig. 43.

ex Theor.
5. huius.
tab. 5.
fig. 45.

pro-

productæ non occurrent lineæ B K, nisi intra triangulum E F D.
Idem concludetur de lineis A G, B K, occurrere videlicet non posse
lineæ C H, nisi in eodem triangulo E F D: pariterque de lineis B K,
C H, occurrere non posse lineæ A G, nisi intra idem triangulum;
ergo, cum (vt dictum est) sibi ipsis occurrere debeant, necesse est,
vt punctum concursus intra triangulum E F D existat, quod &c.

PROP. VIII. THEOR. VIII.

Si, vt supra, diuisa sint tria trianguli latera; duo autem diuisionum puncta vna recta linea iungantur, quæ secet aliam lineam ductam ab angulo eiusdem trianguli, non tamen ab eo, cui iuncta linea subtenditur; sic illa per hanc diuidetur, vt ipsius segmenta ex duabus rationibus componantur, quarum altera sit ex partibus intacti lateris, alia verò constat ex portionibus eius lineæ, quæ segmentum est alterius lateris inter diuisam lineam, ac angulum, cui subtenditur reliquum trianguli latus, interiectum.

tab. 5.
fig. 46.
SIT triangulum A C F, cuius tria latera A F, F C, C A, diuisa
sint deinceps in G D B, itaut ratio A G ad G F componatur ex
duabus rationibus C E ad E F, & A B ad B C, iuncta verò G D secet ductam A E in H; Dico quod E H ad H A componitur ex rationibus C B ad B A, & E D ad D C. Nam in figura primi elementi, cuius grauia A F D, & centrum H, ratio rectæ E H ad H A, ponderis nempe A ad E, componitur ex rationibus grauium A ad F ad E, rectarum videlicet F G ad G A, & D E ad F; sed ratio rectæ F G ad G A componitur (ex suppositione) ex rationibus C B ad B A, & F D ad D C; ergo prædicta ratio E H ad H A componetur ex rationibus C B ad B A, F D ad D C, & D E ad D F, vel ex iisdem perturbatè sumptis C B ad B A; D E ad D F ad D C; hoc est ex propositis rationibus C B ad B A, & D E ad D C, quod &c.

PROP. IX. PROB. I.

Proposito triangulo, ellipsim, vel quando possibile est, circulum eidem inscribere, itaut ex tribus contactuum punctis duo quælibet sint data.

Sit

SIT triangulum A B C, & in eó data puncta F E, per quæ du- *tab.5.*
cenda ellipsis debeat contingere lineas A B , C B. Ponatur *fig.44.*
problema, vt factum, sitq; ellipsis inscripta F E D, contingens reliquum latus A C in D. Cum igitur C D ad D A componatur ex *ex lem. 1.*
rationibus geometricè datis F B ad F A, & C E ad E B, erit punctum D datum, quare si iungantur lineæ D F, F E, E D, & ipsæ datæ erunt . Similiterq; si bifariam diuidantur in punctis H I K, hæc *29. l. 2.*
item data erunt ; atque adeo etiam iunctæ A H, B I, C K, quæ dia- *conic.*
metri erunt eiusdem ellipsis. Cumque in vnaquaque ipsarum ,
centrum dictæ ellipsis existat, atque sibi ipsis in vno, eodemque
puncto G occurrant, erit hic occursus datus, atque adeò datum erit
prædictum centrû G . Lineæ igitur A G, B G, C G, erunt illæ, quæ
ex centro sectionis dicuntur ; quare si vna ipsarum protrahatur,
nempe F G à puncto G, atque in productione notetur G L æqualis
F G, erit punctum L datum, vnà cum F L diametro ; Et quia punctum datum E in sectione ponitur, estque contingens B F positione habita ; quæ igitur ab ipso puncto ducitur æquidistans ipsi B F,
occurrens diametro F L in M, vt est E M, erit positione, & longitudine determinata, eritque ad eandem diametrum F L ordinatim
applicata . Fiat iam vt F M data ad M E , ita M E ad aliam lineam
Y, cui secetur æqualis M N perpendiculariter excitata à puncto
dato M, ad F L positione habitam ; ductaq; indeterminatè, ab F
puncto dato, linea F O ipsi M N æquidistante, iungatur L N, &
producatur donec occurrat F O in O. Hoc posito datum erit punctum O ; rectangulum verò F M N erit æquale quadrato applicatæ M E, quod rectangulum adiacet lineæ F O, latitudinemque habet ipsam F M inter applicatã E M, & tactum F interiectam, & de-
ficit figura simili, & similiter posita ei, quæ diametro F L, & linea
F O continetur ; quamobrem diameter F L erit transuersum figuræ latus, & F O rectum . Si igitur datis duabus rectis lineis termi-
natis F O, F L, ad rectos inter se angulos ; inueniamus ellipsim *Prop. 54.*
circa diametrum F L, ita vt vertex sit punctum F ad rectum angu- *lib. 1. Con*
lum, & ordinatim applicatæ in angulo B F L possint, vt M E, rectangula adiacentia ipsi F O, quæ latitudinem habeant lineam inter
verticem F sectionis, & applicatas ipsas interiectam, deficiantque
figura simili, & similiter posita ei, quæ lineis F O, F L, continetur ;
ellipsis hæc continget lineam B A in F, & transibit per punctum E.
Dico insuper quod huiusmodi ellipsis ita transibit per E, vt non
secet,

fecet, fed tangat B C, & A C, atque adeò problemati fatisfactum esse.

Hæc autem fient confpicua duobus lemmatibus, ijfdem retentis literis, ac fuppofitione.

LEMMA IV.

tab.6.
fig.47.
30. fecundi conic.
2. fexti.
7. buius.
ex conuerfa 25. primi conic.
23. primi con.

SI ellipfis F E D tranfiens per punctum E nón contingit lineam B C, contingat fi poffibile eft aliam lineam B K, & iungantur F K, K E. Quoniam igitur F B contingit fectionem in F, diameter B G fecabit bifariam in L lineam F K, quæ iungit contactus F K, eritque F L æqualis L K; fed etiam F I ex fuppofitione eft æqualis I E; ergo linea E K parallela erit diametro B G, ideoque non conuenient. At quia D C ad D A componitur ex rationibus B F ad F A, & C E ad E B, funtque F D, F E, E D, bifariam fectæ in N I K, iunctæ A N, B I, C K, fe inuicem fecabunt in eodem puncto, intra triangulum F E D; & propterea punctum G infra lineam F E exiftet; fed eft etiam infra F K, quia duæ tangentes B F, B K, conueniunt, ergo linea K E non erit parallela diametro B G, quod fieri non poteft; ellipfis ergo D F E tanget lineam B E C in puncto E.

LEMMA V.

tab.6.
fig.48.
& 49.

SI ellipfis, cuius centrum G contingens duas B F A, B E C rectas lineas in E F, non tangit etiam A D C in D, efto linea fectionem tangens A R O; & quia O R ad R A componitur ex rationibus B F ad F A, & Q B ad E B, conftat punctum contactus effe in R; itaque cum A F, A R tangant ellipfim, diameter A G bifariam diuidet F R, quæ iungit contactus; fed etiam F D fecta fuit bifariam ex fuppofitione in N; ergo R E parallela erit diametro A G, quare etiam F L ab ipfa diametro fecabitur bifariam in centro G (erit enim ex 2. L 6., vt F N ad N D, ita F G ad G L;)& ideo linea G F, hoc eft G P æqualis erit ipfi G L, totum parti, quod eft abfurdum, eftenim punctum L intra ellipfim, & ideo intra lineam G P.

PROP. X. THEOR. IX.

Si linea recta parabolam contingentes inter se conueniant, quæ per contactum intercepta tangentis, & concursum duarum reliquarum ducitur linea, sic illam, quæ iungit reliquos contactus, secabit, vt eius segmenta inter se rationem eandem obtineant, quam quadrata partium homologa sumptarum vnius tangentis.

SIT parabola A E C, quam contingant tres lineæ A F G, F E D, GDC, in punctis A E C; inde iungatur GE, & producatur, vt secet A C in puncto B; dico A B ad B G esse vt quadratum ex F E ad quadratum ex D E. Quoniam propter elementum tertium, cuius vertex G, & centrum E, ratio rectæ A B ad B C, ponderis nempe C ad A, componitur ex rationibus grauium C ad D ad F ad A, rectarum scilicet D G ad G C, F E ad E D, & G A ad G F: est autem vt D G ad G C, ita A F ad G A; erit A B ad B C composita ex rationibus A F ad G A; F E ad E D; & G A ad G F; & ex eisdem perturbatè acceptis, hoc est ex rationibus F E ad E D, A F ad G A ad G F; imò ex ipsis F E ad E D, & A F ad G F, vel ex duplicata ratione F E ad E D; est igitur A B ad B C, vt quadratum ex F E, ad quadratum ex D E, quod &c.

tab.6.
fig.50.

41. tertij conic.

ibidem.

PROP. XI. THEOR. X.

Iisdem manentibus iungantur A D, C F; secantes sese in H; dico punctum H esse in linea G E B.

NAM si possibile est, vt H sit extra lineam G E B, producta GH, non cadet in B; sed in aliud punctum I; itaque propter elementum secundum, in quo H est centrum ponderum D F I, & grauia suspensa sunt A G C, erit recta A I ad I C, hoc est graue C ad A compositum ex rationibus grauium C ad G ad A, rectarum scilicet G D ad D C, & A F ad F G: Verum vt A F ad F G, itemq; vt G D ad D C, ita F E ad E D: ergò A I ad I C, erit vt quadratum ex F E ad quadratum ex E D. Sed in eadem quadratorum ratione est etiam A B ad B C; ergo vt A I ad I C, ita A B ad B C,

tab.6.
fig.50.

&

& componendo, vt A C ad I C, ita A C ad C B, & ideo I C æqualis est C B, totum videlicet parti, quod est absurdum; cadet igitur G H in B, & propterea H erit in linea G E B, quod &c.

PROP. XII. THEOR. XI.

Si linea contingens parabolam secet duas alias contingentes, hac autem sectionum puncta, & contactus earundem tangentium, duabus se inuicem secantibus lineis coniungantur; cubi ex portionibus prioris contingentis inter parabolam; & duas reliquas contingentes interiectis, erunt inter sese vt triangula homologè sumpta, quorum bases sunt reliquæ contingentes, vertices verò idem punctum, in quo dictæ iunctæ lineæ se inuicem secuerunt.

REcta F D contingat parabolam A E C in E, secet autem duas contingentes F A, D C in F, & D; indè iungantur A D, F C, quæ se inuicem secent in H; dico cubum ex F E ad cubum ex E D esse in eadem ratione, in qua est triangulum F A H, cuius basis contingens A F, ad triangulum D H C, cuius basis altera contingens D C; Iungantur A C, E H, & productæ tangentes A F, C D, conueniant in G; vtrinque verò protracta E H, secet A C in B, quæ ex alia parte transibit per G. Quoniam in elemento quarto, in quo H est centrum ponderum E B, grauium nimirum F A C D, recta A B ad B C, pondus nimirum C ad A componitur ex rationibus grauium C ad F ad D ad A, rectarum videlicet F H ad H C, E D ad E F, & A H ad H D, seu ex ijsdem perturbatè sumptis, hoc est ex rationibus F H ad H C, A H ad H D, & D E ad E F; eadem verò A B ad B C componitur ex duplicata ratione ipsius F E ad E D; seu ex triplicata eiusdem rationis F E ad E D, vnà cum ratione conuersa ipsius D E ad E F; si igitur vtrinque dematur ratio D E ad E F, supererit tripla F E ad E D, hoc est cubus ex F E ad cubum ex E D, compositus ex rationibus F H ad H C, & A H ad H D, ex quibus rationibus cum item componatur triangulum F H A ad D H C, patet cubum ex F E, ad cubum ex E D, esse vt triangulum F H A ad triangulum D H C, quod &c.

SCHOLIVM.

Illud etiam sciendum est, quod si in elemento secundo, cuius centrum H, & grauia suspensa sunt G A C, duæ tantum rationes

agnoscantur ex illis sex, de quibus iam egimus, præcipuè in
problemate septimo primi libri, reliquas quatuor non solùm dabimus, verùm etiam omnes alias in superiori figura conspicuas,
& hoc quidem ex sexto, septimo, nono, & decimo probl. lib. 1.

PROP. XIII. PROBL. II.

Hyperbolam, ellipsim, & circulum quædam linea contingat,
& per contactum ductâ sectionis diametro, hanc vnà cum tan-
gente tangens alia secet, & sit data partium ratio postremæ
tangentis: oportet alteram manifestare, quæ fit ex portionibus
ductæ diametri.

ESto C centrum consectionis A B, quam contingat linea A D
in A, & iuncta C A producatur extra sectionem, vt simul
cum tangente A D secetur ab alia contingente ductâ ex B, hoc est
C A productâ in E, & A D in D: Dico quod si manifesta fuerit
ratio B D ad D E, etiam C A ad A E manifesta erit. Iungatur C B,
quæ productâ occurrat rectæ A D in puncto F. Itaque constructa
erit figura elementi primi, cuius centrum D, & vertex C; & quia
ex conicis, triangulum E D A æquale est triangulo B D F, erit D B
ad D E, vt D A ad D F; est autem data ratio B D ad D E; ergo &
ipsa A D ad D F dabitur; datis verò duabus rationibus D B ad
D E, & A D ad D E, manifestabimus quoque duas reliquas, & proptereà dabitur C A ad A E, quod &c.

tab. 6.
fig. 51.
& 52.

1. 1. conic.
14. 6. Euc.

PROP. XIV. THEOR. XII.

Si duæ lineæ circulum, vel ellipsim contingentes productæ
conueniant, & ab alio in sectione assumpto puncto ducatur tan-
gens alia, priores duas diuidens, quarum contactus, ac diuisio-
num puncta duabus se inuicem secantibus lineis coniungantur;
inde à puncto sectionis ad priorum tangentium occursus linea
ducatur, hæc productâ (cum opus sit) transibit per reliquum con-
tactum, adeout figura inde resultans resoluatur saltem in duas
figuras primi elementi.

SIT ellipsis, vel circuli circumferentia A B C, quam contingant duæ lineæ A F, C D, quæ productæ conueniant in E;

tab. 6.
fig. 52.
& 54.

G   ductâ

ducta insuper alia contingente F B D secante tangentem A E in F,
atque C E in D, iungantur duæ lineæ A D, C F diuidentes sese in
G. Iam acta E G, & producta (cum opus sit) dico illam transire
per reliquum contactum B.

Nam si tres tangentes constituant triangulum circa ellipsim, vel
circulum circumscriptum propositum, iam ostendimus in prima
propositione 2. huius. Quod si cōtingens F B D secuerit duas alias
A F E, C D E inter earum contactus A C, & occursum E, hoc
etiam per reductionem ad id quod fieri nequit ostendemus. Non
transeat enim (si fieri potest) iuncta E G per contactum B; sed
transeat per N; ducta autem alia contingente K I L, quæ vtrinque
producta, vnà cum duabus E A K, E C L, constituat triangulum
E K L, circulum, vel ellipsim contingens in punctis A I C, iungantur A L, K C, quæ se inuicem secent in M. Cum igitur E N G sit
vnica recta linea, duæ figuræ, E D C G F N, E F A G D N specta-
bunt ad primum elementum; & ideo recta F N ad F D, hoc est
pondus D ad N componetur ex rationibus grauium D ad E ad N,
rectarum videlicet C E ad C D, & G N ad G E; itemque in alia
elementi primi figura recta F D ad N D, pondus nempe N ad F;
duæ nimirum rationes ponderum N ad E ad F fient ex rationibus
rectarum G E ad G N, & A F ad A E: idcirco duæ rationes F N ad
F D ad N D, hoc est F N ad N D, componetur ex rationibus C E
ad C D, G N ad G E ad G N, & A F ad A E, hoc est ex rationibus
C E ad C D, & A F ad A E.

2. 2. huius. Insuper K I ad I L componitur ex rationibus E C ad C L, & K A
ad A E; eademque ratio componitur etiam ex rationibus D C ad
C L, F B ad B D, & K A ad A F; sed E C ad C L componitur ex
duabus E C ad D C ad C L; pariterque K A ad A E componitur
ex rationibus K A ad A F, & A F ad A E; ergo composita ex rationibus E C ad D C ad C L, K A ad A F ad A E, erit illa quæ componitur ex rationibus D C ad C L, F B ad B D, & K A ad A F; ablatis
igitur vtrinque rationibus D C ad C L, & K A ad A F, erit reliqua
F B ad B D composita ex rationibus E C ad D C, & A F ad A E.
Sed, vt ostendimus, etiam F N ad N D ex iisdem rationibus
componitur; ergo vt F N ad N D, ita F B ad B D, & componendo,
F D ad N D, erit vt eadem F D ad B D, & ideo N D æqualis erit ipsi
B D, totum parti, quod est absurdum, transibit igitur E N G per
contactum B, quod &c.

CO-

COROLLARIVM.

Constat tùm in ellipsi, tùm in circulo esse F B ad B D, vt est composita ex C E ad C D, & A F ad A E.

tab.7.
fig. 55.
& 56.

PROP. XV. THEOR. XIII.

Si duæ tangentes circulum, inter se conueniunt, quas secet tangens alia inter earum occursum, & contactus; rectangula ex prioribus tangentibus ad occursum vsque acceptis, & portionibus inter earum contactus, atque alteram tangentem interiectis, constantia, erunt inter se se, vt sunt portiones modò dictæ tangentis, adeout homologa sint contermina.

SIT circulus A B C, quem contingant A E, C E in punctis A C, & ducatur alia F B D, quæ circulum tangat in B; secet verò A E in F, & C E in D. Dico F B ad B D esse vt rectangulum E A F ad rectangulum E C D.

tab.7.
fig. 56.

Iam ex antecedenti corollario ratio F B ad B D componitur ex rationibus rectarum C E, siue E A ad C D, & A F ad A E, vel E C, quare F B ad B D erit vt composita ex A E ad C D, & A F ad C E, siue vt rectangulum E A F ad rectangulum E C D, quod &c.

PROP. XVI. THEOR. XIV.

Si ab angulis trianguli ad opposita vsque latera tres rectæ lineæ bifariam angulos secantes ductæ sint, in eodem puncto se mutuò diuident; figura verò ex his lineis constans erit illa secundi elementi.

SIT triangulum A I E, & ab angulis I A E bifariam diuisis, ducantur lineæ I C, A G, E N occurrentes oppositis lateribus in C G N: dico has lineas in eodem puncto B secari, hoc est E C ad C A componi ex rationibus I N ad N A, & E G ad G I; & ideo figuram ex his lineis compositam spectare ad secundum elementum. Nam ratio E C ad C A, hoc est E I ad I A (propter angulum I bifariam sectum) componitur ex rationibus I E ad E A ad A I;

tab.1.
fig. 1.

G 2

vtque I E ad E A, ita I N ad N A; & vt E A ad A I, ita E G ad G I;
ergo E C ad C A componitur ex rationibus I N ad N A, & E G ad
G I, quod &c.

LEMMA VI.

Datis duobus circulis lineam vtrumque contingentem ducere.

tab. 7.   S Int duo circuli, quorum centra K I, oportet lineam ducere, quæ
fig. 58.   vtrumque contingat. Ponatur iam factum esse problema, &
linea contingens sit A F; iungamus A K, K I, I F : & quia in primo
casu, cum duo circuli sint æquales, etiam K A, I F sunt æquales, &
æquidistantes inter se; cum vnaquæque illarum eidem A F perpendicularis sit, erit spatium K A F I parallelogrammum rectangulum, & ideò A F contingens æquidistans erit rectæ K I; cum
igitur duo puncta K I data sint, erit quoque positione data linea
K I; pariterque ad ipsam perpendicularis K A: quare datum est
punctum A, à quo si ducatur linea æquidistans ipsi K I cadet hæc
in lineam A F, & dabitur contingens A F, quod &c.

tab. 7.   Sint deinde, vt in duobus reliquis casibus, circuli inæquales, &
fig. 60.   producta K I in tertia figura conueniat in L cum contingente A F
& 61.   pariter producta ad partes circuli minoris, quemadmodum in eodem puncto L contingens A F in secunda figura occurrit eidem
K I. Quoniam vtraque ipsarum K A, I F perpendicularis est ad
A F, erunt inter se æquidistantes, & propterea vt K A ad I F, ita
K L ad L I; componendo autem in secunda figura, & in tertia
diuidendo, erit K I ad I L, vt côpositum ex duabus K A, F I in secunda figura, sed vt earum differentia in tertia, ad eandem H I. Itaque
cum tam ratio compositi, quàm differentiæ duorum prædictorum
radiorum ad radium minorem data sit; & item data sit longitudine, ac positione antecedens K I, dabitur quoque consequens I L, &
punctum L; quare cum ab eodem puncto L ducere possimus vnicam tantum lineam contingentem I F, & vnicam alteram tangentem circulum K A, necesse est vt istæ cadant in contingentes F L,
L A, seu A F L, quam à principio posuimus tangentem duos circulos. Compositio problematis manifesta est.

PROP. XVII. THEOR. XV.

Si triangulum tres circulos comprehendat, cuius singula latera duos ex suppositis circulis contingant; ab vnoquoque verò angulo ad centrum sibi proximioris circuli lineæ ducantur: istæ si vlterius producantur, sibi inuicem in idem punctũ occurrent.

Sint tres circuli, quorum centra CAB, & triangulum ipsos comprehendens sit L E H, tangatque illos in punctis MDFG I K; dico, si iungantur tres lineæ H A, E C, L B, & producantur, in idem punctum sibi ipsis occurrere. Iungantur lineæ D F, M K, G I, secantes lineas E C, L B, H O, in punctis P Q N. Quoniam contingentes D E, E F, & D P, P F sunt inter se æquales; latus autem E P commune est vtrique triangulo D P E, F P E; erunt huiusmodi triangula inter se æqualia, proptereaque angulus D E P æqualis erit angulo F E P; cumque eadem ratione anguli M L Q, Q L K, sint etiam æquales, itemque anguli I H N, G H N; constat tres lineas E C, H A, L B, sibi ipsis occurrere si producantur, quod &c. *tab. 8.* *fig. 62.* *36. tertij. Conic. l. b.* *2. prop. 30.* *16. 2. huius.*

PROP. XVIII. THEOR. XVI.

Duos circulos A F, D C, contingant duæ rectæ A C, & F D, quarum F D priori occurrat in B; iunctis verò lineis A F, D C, producatur D C, adeout occurrat ipsi A F, in E; dico rectangulum D E A æquale esse rectangulo C E F.

Quoniam FE ad E A, pondus videlicet A ad F, in figura elementi primi, cuius grauia F A C, & centrum D, componitur ex rationibus grauium A ad C ad D ad F, rectarum nimirum C B ad B A, D E ad E C, & F B ad B D; vtque C B ad B A, ita B D ad F B; erit E F ad E A composita ex rationibus B D ad F B, D E ad E C, & F B ad B D, vel ex ijsdem perturbatè acceptis, nempe ex rationibus B D ad F B ad B D, & D E ad E C; hoc est E F ad E A erit vt D E ad E C: rectangulum igitur contentum lineis extremis E F, E C, æquale erit ei quod fit à medijs quatuor illarum proportionalium, ergo &c. *tab. 7.* *fig. 59.*

PROP.

PROP. XIX. PROB. III.

Sint inter se duo sic aptata triangula, vt reciprocè vertex vnius desinat in alterius basim, atque adeò eorum latera se inuicem secent: distinguemus in huiusmodi figura sex rectarum rationes, ex quibus, datis quatuor quibuslibet, sit nobis propositum duas reliquas inuestigare.

tab. 8.   HVius problematis sunt quindecim casus; totidem sunt enim
fig. 63.   numeri binarij combinabiles in senario.

I. Sint notæ quatuor rationes G E ad E F; A B ad B C; A H ad H E; & B D ad D F: Sintque indagandæ duæ reliquæ G H ad H B, & F D ad D B. Iungantur duæ rectæ H D, B E, se inuicem secantes in I. Quoniam in elemento tertio, cuius centrum I, & grauia A; H - A; D - C; C, sunt datæ tres rationes A H ad H E; E D ad D C; & A B ad B C, dabimus quoque reliquas duas rationes (ex nono probl. primi huius) H I ad I D, & B I ad I E; quare cum in figura eiusdem elementi, cuius centrum I, grauia verò G; H - G; D - F; F, datæ sint tres rationes G E ad E F; H I ad I D, & E I ad I B, manifestabimus (ex eodem probl.) etiam reliquas duas rationes G H ad H B, & F D ad D B.

II. Aperiendæ sint duæ rationes A H ad H E, & E D ad D C, notis reliquis; erit hic casus similis priori.

tab. 8.   III. Rationes, quas debemus patefacere sint duæ A B ad B C;
fig. 64.   G E ad E F, habitis quatuor reliquis (caue tamen in hoc casu ne A C, G F sint parallelæ) Producantur A C, G F, quæ conuenient in I. Cum igitur A B ad B C componatur ex rationibus A B ad B I, & B I ad B C; item G E ad E F componatur ex rationibus G E ad E I ad E F; & in elemento primo, cuius grauia A I G, & centrum H, datæ sint duæ rationes G H ad H B, & E H ad H A; & pariter in alia figura eiusdem elementi, cuius grauia B I E, & eorum centrum D, datæ sint duæ rationes E D ad D C, & F D ad D B; aperiemus in prima figura reliquas duas A B ad B I; G E ad E I; atque in secunda figura duas reliquas B I ad B C; & E I ad E F; datæ sunt igitur rationes A B ad B I ad B C, hoc est A B ad B C; itemq; rationes G E ad E I ad E F, hoc est G E ad E F, quod erat propositum.

IV.

IV. Debeamus modo manifestare duas rationes E D ad D C, atque F D ad D B, suppositis reliquis quatuor. Si duæ A C, G F, sint parallelæ iam patet propositum; si verò non sint producamus illas vt prius, adeout conueniant in I; & quia in elemento primo, cuius grauia A I G, & centrum H, dantur duæ rationes A H ad H E, G H ad H B, manifestabimus (ex 6. probl. 1. p.) duas reliquas A B ad B I, & G E ad E I; sunt autem datæ rationes A B ad B C, & G E ad E F; ergo ablatis notis rationibus A B ad B I, videlicet A B ad B C, & G E ad E I, à prædicta G E ad E F; erunt reliquæ rationes B I ad B C, atque I E ad E F notæ: quare his duabus datis rationibus in primo elemento, cuius grauia B I E, & centrum D, palam fient reliquæ duæ B D ad D F, & D E ad D C, quod erat propositū.

V. Quod si inuestigandæ rationes sint A H ad H E, & B H ad H G, consimili ferè ratiocinio absoluemus problema; datis enim duabus B D ad D F, E D ad D C in elemento primo, cuius grauia B I E, & centrum D, fiunt notæ duæ reliquæ B C ad B I, & E F ad E I; cumque supponantur datæ etiam C B ad B A, & F E ad E G, dabuntur etiam duæ reliquæ I B ab B A, I E ad E G. Itaque quoniam in primo elemento, cuius grauia A I C, centrumque H, notæ sunt duæ rationes I B ad B A, & I E ad E G, reliquas item duas manifestabimus A H ad H E, & G H ad H B.

VI. Sint aperiendæ duæ rationes A H ad H E, & G E ad E F, habitis reliquis. Si A C, G F fuerint parallelæ, constat A H ad H E esse in eadem ratione, in qua B H ad H G, & ideo datam esse. Deinde quia G E ad E F componitur ex rationibus G E ad A B, A B ad B C, & B C ad E F; vt autem G E ad A B, ita data G H ad H B; A B verò ad B C est data, & vt B C ad E F, ita data C D ad D E; ergo etiam E F ad E G, quæ componitur ex datis rationibus, erit data.

Quod si A C, G F parallelæ non sint, conueniant productæ in I; & quia in elemento primo, cuius grauia B I E, & centrum D, sunt datæ duæ rationes B D ad D F, & E D ad D C; reliquas quoque C B ad B I, & E I ad F E notas reddemus; & ideo cum ratio nota C B ad B A componatur ex rationibus C B ad B I, quæ nota est, & I B ad B A; hæc etiam data erit; ideoque cum in elemento primo, cuius grauia A I G, & centrum H, datæ sint duæ rationes I B ad B A, & B H ad H G, reliquas etiam A H ad H E, & G E ad E I notas exhibebimus: quare cum G E ad E F componatur ex datis rationibus G E ad E I ad E F; erit quoque ipfa manifefta.

VII. Duas rationes G H ad H B, & A B ad B C manifeftabimus eodem modo; nam cafus eft fimilis antecedenti.

VIII. Sint agnofcendæ rationes G E ad E F, & G H ad H B, habitis reliquis quatuor. Datis duabus rationibus E D ad D C, & F D ad D B elucefcunt B I ad B C, & E I ad E F; compofita verò ex rationibus A B ad B I ad B C, eft A B ad B C, quæ eft data; ergo reliqua A B ad B I data erit; atque adeò in elemento primo, cuius grauia A I G, & centrum H, cum datæ fint duæ rationes A H ad H E, & A B ad B I; duas item reliquas dabimus G H ad H B, & G E ad E I; componitur autem ratio G E ad E F ex rationibus G E ad E I, & E I ad I F, quæ datæ funt, ergo etiam illa elucebit. Quod fi parallelæ fint A C, G F, eodem ratiocinio vtemur, quo vfi fumus in fexto cafu.

IX. Quod fi inueftigandæ rationes fint A H ad H E, & A B ad B C, erit hic cafus fimilis priori.

X. Sint duæ rationes indagandæ G E ad E F, & E D ad D C, reliquis præcognitis. Si A C, G F fint parallelæ, propofitum oftendemus, vt in cafu fexto; at fi parallelæ non fuerint G E, E F, productæ conuenient in I; quare cum duæ rationes fint datæ G H ad H B, A H ad H E, etiam reliquas duas cognofcemus, nempe A B ad B I, & G E ad E I; componitur verò ratio data A B ad B C ex rationibus A B ad B I data, & B I ad B C; ergo & ifta, quæ reliqua eft elucebit; propterea datis duabus rationibus B I ad B C, & B D ad D F in figura primi elementi, cuius grauia B I E, & centrum D, manifeftabimus quoque duas reliquas E D ad D C, & E I ad E F; quamobrem funt datæ duæ rationes G E ad E I, & E I ad E F; fed ex his componitur ratio G E ad E F; ergo etiam ipfa non latebit.

XI. At fi rationes, quas manifeftare debemus fuerint A B ad B C, & B D ad D F, hanc partem problematis fuperiori dicto modo monftrabimus.

XII. Oporteat modò indagare duas rationes A B ad B C, & C D ad D E; & fiquidem A C, G F parallelæ fint eadem vtemur ratione, qua in fexto cafu vfi fumus; fi verò non fint, conueniant productæ C A, F G in I. Datis duabus rationibus G H ad H B, A H ad H E, dabimus reliquas duas A B ad B I, & G E ad E I; & datis duabus G E ad E F, G E ad E I, notificabimus reliquam E I ad E F; quare habitis duabus E I ad E F, & B D ad D F, cognofcemus item duas

duas CD ad DE, & BI ad BC; habitifq; duabus AB ad BI ad
BC, ex quibus fit ratio AB ad BC, hæc similiter dabitur.

XIII. Quod si notificandæ sint duæ rationes G E ad E F, & FD
ad D B erit hic casus similis priori.

XIV. Si velimus indagare duas rationes A H ad H E, & B D ad *tab. 8.*
D F præcognitis reliquis, iungatur G C fecans duas H E, B D in I K. *fig. 65.*
Itaque quia in figura primi elementi, cuius gratia A C G, & centrum H manifestæ sunt duæ rationes A B ad B C, & G H ad H B;
erunt notæ reliquæ duæ A H ad A I, & I C ad C G; pariterque
cum in alia figura primi elementi, cuius gratia C G F, eorumque
centrum D habitæ sint duæ rationes E D ad D C, & G E ad E F,
fient conspicuæ etiam duæ reliquæ D F ad D K, & G C ad C K;
quare I C ad K C (composita videlicet ex duabus I C ad C G ad
C K datis) cognoscetur; ideoque in elemento tertio, cuius gratia
A; B-A; D-E; E, & centrum K, datis tribus rationibus A B ad
BC, I C ad K C, & E D ad D C, dabuntur etiam duæ reliquæ A I
ad A E, & D K ad D B, modò tamen A E, B D parallelæ non sint;
idcircò datæ sunt rationes A H ad A I ad A E; & D F ad D K ad
D B, hoc est duæ rationes A H ad A E, & D F ad D B: at si æquidistantes fuerint B D, A E; minimè verò A C, G F, problema erit
impossibile; quod, vt constet ducamus à punctio E lineam E L, quæ *tab. 8.*
fecet D F in L, & producta per E, fecetur à recta E K, adeò vt L E *fig. 66.*
ad E K sit vt F E ad E G, & iungatur B K fecans A E in I. Erit
igitur propter parallelas B F, A E, vt B H ad H G, ita B I ad I K; &
vt F E ad E G, ita L E ad E K; rationes verò A B ad B C, & C D ad
D E sunt ipsæ suppositæ; ergo si casus possibilis esset, deberet ratio
A H ad H E esse eadem ac A I ad I E; item vt B D ad D F, ita
oporteret esse B D ad D L; quod cum non sit, nihil certi potest
determinari.

XV. & vltimo. Si rationes manifestandæ sint B H ad H G, &
CD ad DE; cauendum est vt supra ne sint æquidistantes B G, C E
quando duæ A C, G F non sunt parallelæ inter se; est autem hic
casus similis superiori, itaque constat totum propositum.

H   PROP.

PROP. XX. THEOR. XVII.

Si ab extremo cuiusdam rectæ ad terminos alterius priori æquidistantis duas agamus lineas; inde ab altero extremo primæ parallela alia ducatur recta secans inter æquidistantes duas priores lineas: ratio parallelarum componetur ex duabus rationibus, quarum altera fit ex portionibus secantis lineæ, alia verò ex segmento, & tota recta inter æquidistantes, anteriecta: & in quam ipsa secans linea desinit, adeout omnia homologa conterminæ sint.

tab. 8.
fig. 67.

SInt duæ æquidistantes lineæ DC, EK, & ab eodem termino D ducamus duas lineas ad terminos alterius æquidistantis, quæ sint DK, DE; insuper ab alio termino C ducatur alia recta CIB secans DK in I, & DE in B. Dico rationem ex DC ad EK componi ex duabus rationibus CI ad IB, & BD ad DB. Quoniam BC secat DC vnam parallelarum, si producatur, alteri etiam KE protractæ occurret in A. Quoniam igitur DC ad EK componitur ex rationibus rectarum DC ad AE ad EK; vt autem DC ad AE, ita DB ad BE propter parallelas; erit DC ad EK composita ex rationibus DB ad BE, & AE ad EK. Verùm in primo elemento, cuius gravia AKD, & centrum B, ratio rectæ AE ad EK, ponderum videlicet K ad A, componitur ex rationibus gravium K ad I ad A; rectarum nimirum DI ad DK, & AB ad BI, hoc est rectarum IG ad CA, & AB ad BI; Ergo ratio DC ad EK componetur ex rationibus DB ad BE; IC ad CA, & AB ad BI. Cumque IC ad CA fiat ex rationibus IC ad CB ad CA; vtque CB ad CA, ita sit DB ad DE; erit DC ad EK composita ex rationibus DB ad BE; IC ad CB; BD ad DE; & AB ad BI. Verùm AB ad BI componitur ex rationibus AB ad BC, & BC ad BI; est autem AB ad BC, vt EB ad BD; ergo prædicta ratio DC ad EK componetur ex rationibus DB ad BE; IC ad CB; BD ad DE; EB ad BD, & BC ad BI; vel ex iisdem perturbatè sumptis, hoc est ex DB ad BE ad BD ad DE; IC ad CB ad BI; imò ex duabus BD ad DE; & IC ad BI, quod &c.

COROLLARIVM.

Manifestum est, quod datis duabus rationibus BD ad DE; & IC ad BI; datur etiam ratio DC ad EK ex iisdem composita.

PROP.

PROP. XXI. THEOR. XVIII.

Iisdem suppositis, ac constructis; fiat insuper NO ad OP composita ex rationibus BE ad ED, & CI ad IB. Dico DI ad EK componi ex rationibus DB ad BE, & NO ad NP.

Componitur AE ad EK ex rationibus AE ad DC ad EK; vt- *tab.8.* que AE ad DC, ita EB ad BD; & DC ad EK componitur *fig. 67.* (ex antecedenti) ex rationibus BD ad DE; & CI ad IB; ergo AE ad EK componitur ex rationibus EB ad BD ad DE; & CI ad IB; imò ex rationibus EB ad DE; & CI ad IB; hoc est AE ad EK est vt NO ad OP; componendo autem, deinde per conuersionem rationis, & conuertendo, erit EA ad AK, vt ON ad NP; Ar in elemento primo, cuius gratia AKD, & centrum B, recta DI ad IK, hoc est pondus K ad D componitur ex rationibus gratium K ad B ad D, rectarum videlicet EA ad AK, & DB ad BE; vel ex NO ad NP; & DB ad BE; ergo constat propositum.

COROLLARIVM.

Patet quod datis duabus rationibus DB ad BE, & CI ad IB manifestabimus quoque rationem DI ad IK.

SCHOLIVM.

Hinc cuique fas erit instrumentum elaborare, cuius beneficio, *tab. 10.* radiorum visualium interualla metiatur, nulla præcognita dis- *fig. 85.* tantia, aut iteratis rationibus, vt consuetum est.

Circa DE sint duæ regulæ parallelæ, EL immobilis circa E, *Nouum in-* BM verò mobilis circa D tanquam centrum, & ex puncto C sit *strumentū* ducta alia linea immobilis, quæ secet vbilibet lineam DE, dum- *pro distan-* modo punctum sectionis sit inter extrema DE, cuiusmodi est *tiis metien-* linea CB. Propositum igitur sit obiectum K. *dis.*

Posito oculo in E attollatur, vel deprimatur instrumentum donec linea visualis sit in directum cum regula EL, quod continget quando per pinnacidia EL videbimus obiectum K, tum verò figatur, & confirmetur in eo situ instrumentum, ne possit in *partem vllam moueri, & ponatur oculus in D, & moueatur regula D M circa centrum D, donec intueatur per pinnacidia D M idem punctum K per lineam visualem D K, quibus obseruatis notetur diligenter punctum I, sectio videlicet linearum B C, D M.*

His positis, quia duæ rationes B D ad D E, & I C ad B I, saltem proximè haberi possunt secundùm numeros, dabitur etiam eodem pacto, quæ ex ijsdem componitur, ratio videlicet D C ad E K (ex 20. propositione 2 huius) atq; adeò intelligemus quoties D C contineatur in E K, quæ quidem est interuallum visualis E K ab oculo ad obiectum; sed eadem ratione (ex 21. propositione 2. huius) sciemus quoties D I metietur ipsam D K visualem alteram ab oculo ad obiectum: ergo &c.

H*ÆC à me paucis perstricta, quam latè pateant, vides, benigne lector. Nulla enim sunt adeo implexa rectarum sibi inuicem occurrentium ambages, quæ in nostra elementa non resoluantur; modò lineæ ea lege se inuicem secent, vt sectione qualibet mutata, cæteras omnes variari necesse sit. Hinc datis duabus, aut tribus rationibus continget sæpe innumeras alias patefieri; quod vnusquisque in elemento secundo experiri potest, in quo, innctis D B, B K, K D, ex 51. rationibus, datis duabus quibuslibet inueniet alias 49.*

tab. 1.
fig. 5.

tab. 1.
fig. 5.

FINIS CONSTRVCTIONIS STATICÆ.

V*Isum est appendicis loco adijcere, his problematibus theoremata quædam, partim antiquis geometriæ legibus, partim Caualleriana methodo à me soluta, quamuis ex superius dictis minimè pendeant. Cum enim in circulo inutiliter quadrando, hæc omnia non inutiliter sint inuenta, par erat, vt in eodem volumine luce publica fruerentur, quamuis opportunius suis in tenebris latuissent.*

AP-

APPENDIX
GEOMETRICA.

PROP. I. THEOR. I.

In quolibet triangulo rectangulo Scaleno Hypothenusa pote-
stas ad eam maioris lateris, minorem; sed harum linearum
potentia seorsim sumpta ad eam minoris lateris maiorem pro-
portionem habent, quam ex oppositis angulus ad angulum.

SIT triangulum A B C rectangulum in B, cuius Hy- *tab.8.*
pothenusa A C, maiusque latus B A. Dico prius *fig.68.*
A C ad A B potestate minorem habere proportionem, quam habeat angulus A B C rectus ad angulum B C A. Secetur A C bifariam in E; centroque
E, ac interuallo E A, vel E C semicirculus A B C
describatur, cuius quidem peripheria etiam per B punctum transibit (est enim angulus ad B rectus) deinde quia latus A B maius
est latere B C, erit quoque arcus A B maior arcu B C; atque adeo
semicirculi peripheria A B C non erit in B puncto bifariam secta;
secetur ergo, & punctum sectionis sit D; quod quidem intra A, &
B cadet; iunctis vero lineis D A, D E, D C, D B, B C, B E, excitetur insuper à punctis B D perpendiculares B G, D E ad A C diametrum, & linea D H secet bifariam angulum A D B; tandem, quia
angulus A D C duplus est anguli A D E, hoc est A D I (hoc enim
facilè deduci potest), itemque angulus A D B duplus anguli A D H;
erit permutando angulus A D C ad angulum A D B, sicut angulus
A D I ad ipsum A D H; estque angulus A D C minor angulo A D B;
(hoc enim in minori circuli segmento existit) ergo angulus A D I
minor erit ipso A D H, atque adeo punctum H intra puncta I, &
B cadet. His itaque positis, quia in triangulo A D B angulus ad
verticem bifariam est sectus à linea D H, erit vt recta A D ad D B,
ita basis segmentum A H ad H B, sed A I ad H B, & multo magis ad
I B minorem proportionem habet, quam recta A H ad H B, videlicet A D ad D B; recta verò A D ad D B habet etiam minorem

pro-

proportionem, quàm arcus A D ad arcum D B; ergo recta A I ad
I B minorem habebit proportionem, quam dictus arcus A D ad
arcum D B; componendo autem, atque per conuersionem rationis, habebit recta A B ad A I, seu A G ad A E maiorem proportionem, quam habeat arcus A D B ad arcum A D, & consequentium
dupla; est autem A C dupla ipsius A E; atque A D C peripheria
dupla ipsius A D; ergo A G ad A C, videlicet quadratum A B ad
quadratum A C maiorem habebit rationem, quam circumferentia
A D B ad circumferentiam A D C, imò quàm angulus A E B ad
duos rectos; & eorum semisses, nimirum A C B angulus ad angulum rectum A B C; sed inuertendo quadratum A C ad quadratum A B minorem habebit proportionem, quam angulus A B C
ad angulum A C B.

II. Dico quadratum A C ad quadratum B C, hoc est lineam A C
ad lineam B C potentia, maiorem habere proportionem, quam
angulus A B C rectus ad angulum B A C. Quoniam enim recta
A G ad A C maiorem habuit proportionem, quam circumferentia
A D B ad circumferentiam A D C, habebit inuertendo recta A C
ad A G minorem; sed per conuersionem rationis, recta A C ad
C G maiorem habebit proportionem, quam circumferentia
A D C ad B C; Verùm, vt recta A C ad C G, ita quadratum C A
ad quadratum C B; & vt circumferentia A D C ad C B, ita duo
anguli recti ad angulum B E C; vel eorum semisses, hoc est vnus
rectus A B C ad angulum B A C; quadratum igitur A C ad quadratum C B maiorem habebit proportionem, quam angulus rectus A B C ad angulum B A C.

III. Demùm dico quadratum A B ad ipsum B C maiorem etiam
proportionem habere, quam angulus B C A ad B A C: nam (vt
proximè demonstratum est) recta A C ad C G maiorem habet
proportionem, quam circumferentia A D C ad ipsam C B; habebit ergo A G ad G C diuidendo, hoc est quadratum A G ad ipsum
C B; seu quadratum A B ad B C maiorem rationem, quam circumferentia A D B ad ipsam B C, nimirum quam A C B angulus
ad angulum B E C, & eorum semisses; hoc est angulus A C B ad
angulum B A C, quæ &c.

✠✠✠✠✠

PROP. II. THEOR. II.

Si ex circuli centro ad eiusdem diametrum perpendicularis excitetur, & à puncto eius, quod simul est in peripheria, lineae ad terminos eiusdem diametri perducantur, sintque in opposito semicirculo duos, quibus dictae lineae sint radij: Sumpto praeterea & alio quolibet puncto, non autem circuli centro, in eadem perpendiculari; ab eo ad alterum diametri terminum recta ducatur, qua ad partes dicti semicirculi oppositi, seu radio, circularis linea sit ducta, vel ita secetur, ut ad eiusdem circuli semiperipheriam eandem habeat proportionem, quam quadratum radij suppositi circuli ad id eius recta linea, quam ab assumpto puncto deduximus; itemque ab eodem, linea deducatur ad alteram facti arcus extremitatem; Procreabitur ab his rectis, quoddam rectilineum spatium, sed vna cum duobus illis arcubus curuilineum aliud mixtum, quod priori aequale erit.

SIT circulus ABC, cuius diameter A C, eiusque centrum D; *tab. 8.* à quo linea ad rectos angulos erigatur supra A C; inde à *fig. 69.* puncto B, quod esse debet in sectione peripheriae, ducantur lineae *& 70.* B A, B C, & centro B, interualloque altera illarum B A, B C arcus C G A describatur; sumpto autem quolibet alio puncto E iungatur E A, ad cuius interuallum, facto centro in E, intelligamus arcum A K C H descriptum, qui ad eiusdem circuli semiperipheriam eandem habeat proportionem, quam quadratum ex D A ad quadratum ex E A, tùm denique iuncta E H; dico rectilineum spatium A B F E vtrique spatio aequale esse, nempe menisco G K, & circuli parti F C H. Sed fieri ipsa spatia prius ostendendum est, Iungatur C E; & quia puncta B, & E sumpsimus in perpendiculari D B E ex centro ad diametrum A C erecta, patet dictos arcus A G C, A K C H per duos dictae diametri terminos C, & A transire; deinde quia triangulum D E A rectangulum est in D; atque in primo casu latus D A maius est latere D E, in secundo autem minus illo; habebit quadratum ex E A ad quadratum ex A D in primo casu minorem; at in secundo maiorem proportionem, quam angulus B D A ad angulum D E A; quam duo videlicet recti ad

angulum

angulum CEA; imò quam femiperipheria circuli radij E A ad
eiufdem circuli arcum CKA; fed vt idem quadratum A E ad
ipfum A D, ita eadem femiperipheria circuli radij E A ad arcum
H K A eiufdem circuli; ergo in primo cafu eadem femiperipheria
ad arcum H K A habebit minorem, at in fecundo maiorem rationem, quam ad arcum CKA; & ideo in primo cafu H K A peripheria maior erit, fed in fecundo minor ipfa CKA, conftatque
propterea in illo punctum H extra; in hoc autem intra circulum
A B C cadere; quod cum ita fit fecabitur linea C B ab ipfa H F E;
atque adeò fient propofita fpatia. Hoc itaque præmiffo iam
quod propofitum fuit oftendemus.

Quoniam recta DA dupla eft poteftate ipfius D A erit quadrans
B C G A duplus quadrantis B D A; verum eiufdem quadrantis
B D A duplus eft etiam femicirculus C B A; quadrans igitur B C
G A æqualis eft femicirculo C B A; verùm quia quadratum D A
ad quadratum A E, videlicet femicirculus C B A ad femicirculum
radij A E eandem habet proportionem, quam arcus H K A ad femiperipheriam circuli eiufdem arcus; quam videlicet fector E H
K A ad femicirculum eiufdem fectoris, erit femicirculus C B A,
quadrans videlicet B G C A æqualis fectori E H K A; quodfi commune auferatur fpatium, remanebit ipfum F B A E, quod rectilineum eft, æquale vtrique & menifco G K, & fpatio F H C,
quod &c.

PROP. III. THEOR. III.

*Iifdem pofitis fi in primo cafu D A ad A E fuerit potentia
in fubfefquitertia, & in fecundo fubquadrupla proportione, erit
arcus C H duodecima pars femiperipheriæ ipfius circuli.*

QVia primùm in primo cafu ponitur quadratum ex D A ad
quadratum E A, vt 3 ad 4; erit arcus H K A ad femiperipheriam circuli eiufdem arcus, vt 3 ad 4, hoc eft vt 9 ad 12.
Rurfus quia D A quadratum fubfefquitertium eft ipfius E A; &
triangulum D E A in femicirculo exiftit (quod angulus ad B rectus fit) erit D A latus infcripti trianguli æquilateri, & propterea
angulus D E A fexta pars erit quatuor rectorum; ipfius verò duplum, tertia pars erit quatuor rectorum; fed duorum rectorum
partes

partes erit; quare etiàm circumferentia C K A ad femiperipheriam circuli eiufdem arcus erit, vt 2 ad 3; imò vt 8 ad 12; at inuertendo eadem femiperipheria ad eundem arcum erit, vt 12 ad 8;
verùm arcus H K A ad eandem femiperipheriam fuit, vt 9 ad 12;
ergo ex æquali arcus H K A ad arcum C K A erit vt 9 ad 8; indè
per conuerfionem rationis, & conuertendo erit differentia ipfo-
rum, nimirùm arcus C H ad arcum C K A, vt 1 ad 8; idem verò
arcus C K A ad femiperipheriam eiufdem circuli eft, vt 8 ad 12;
ergo rurfus ex æquali erit arcus H C ad femiperipheriam circuli,
vt 1 ad 12.

Et in fecundo cafu, quia ponitur quadratum ex D A ad ipfum
ex A E effe vt 1 ad 4, erit & arcus H K A ad femiperipheriam ipfius
circuli, vt 1 ad 4; eft autem angulus A E C tertia pars duorum
rectorum, hoc eft circumferentia A H C ad femiperipheriam
eiufdem circuli eft vt 1 ad 3, vel vt $1\frac{1}{3}$ ad 4; ergo inuertendo dicta
femiperipheria ad eiufdem arcum A H C erit vt 4 ad $1\frac{1}{3}$; ideoq; ex
æquali arcus H K A ad arcum A H C erit vt 1 ad $1\frac{1}{3}$; quare A K H
ad H C erit vt 1 ad $\frac{1}{3}$; eft autem femiperipheria circuli, cuius arcus
A K H ad hunc ipfum arcum, vt 4 ad 1; ergo rurfus ex æquali femiperipheria circuli, cuius arcus eft H C ad hunc eundem arcum
erit vt 4 ad $\frac{1}{3}$, feu vt 12 ad 1, quod &c.

PROP. IV. THEOR. IV.

*Si in vno oppofitorum femicirculorum eiufdem circuli duo
infcripti quadrati latera applicentur, fiatque in reliquo femicirculo arcus, cuius dicta latera fint radij; triangulum rectangulum ifofceles, quod ab iftis applicatis & diametro conftitui-
tur, fpatio inter conuexam, & concauam peripheriam interie-
cto æquale erit.*

SIT circulus A B C D, atque A B, B C fint latera infcripti qua- *tab.8.*
drati femicirculo A B C applicata, itaut ex his, & dia- *fig.71.*
metro A C conftet triangulum A B C rectangulum ifofceles;
tùm verò centro B, interuallo B A, vel ipfi æquali B C arcus A D C
defcribatur intra alium femicirculum A D C. Dico triangulum
A B C æquale effe menifco D, ei nimirum fpatio, quod inter concauam peripheriam fuppofiti circuli, & conuexam defcripti arcus

I inter-

interijcitur. Est enim ostensum in secunda huius propositione, quod quadrans B A C sit aequalis semicirculo A C D; si igitur auferatur commune spatium remanebit triangulum A B C aequale menisco D, quod &c.

PROP. V. THEOR. V.

Si in quadam semicirculo inscribatur quodlibet triangulum rectangulum; descriptis vero duobus semicirculis, quorum diametri sint latera circa angulum rectum inscripti trianguli, ita ut eorum peripheriae extra circulum cadant; quod inter convexam, & concavam peripheriam interijcitur spatium aequale erit inscripto triangulo.

tab. 8.
fig. 72.
SIT semicirculus A B C, & inscriptum triangulum rectangulum sit A B C; describantur semicirculi B C D, A B E; dico triangulum A B C duobus meniscis E, D simul sumptis aequale esse. Nam semicirculus A B C super hypothenusam A C descriptus, duobus alijs semicirculis aequalis est, dempto propterea communi spatio, reliquum triangulum A B C aequabitur composito ex duobus reliquis meniscis E, D, quod &c.

PROP. VI. THEOR. VI.

Si in altero oppositorum semicirculorum hemihexagonum inscribatur, in alio vero semicirculo & supra eius basim, segmentum cuiusdam circuli describatur ijs simile, quae inscriptum semihexagonum supereminent; vnum ex istis simul cum illo spatio inter convexam, & concavam peripheriam interijcita aequale erit praedicto semihexagono.

tab. 8.
fig. 73.
SIT circulus D E, cuius diameter A C, sitque A F C segmentum circuli, simile vni E G C, quod inscripto semihexagono A B E C superstat; dico hoc segmentum E G C vnà cum menisco E F aequale esse hemihexagono A B E C. Quoniam A C quadrupla est ipsius E C potentia; erit figura A F C aequalis duplo segmento E G C, & duobus B E, B A similiter inter se aequalibus; itaque cum semicirculus E semicirculo D sit aequalis, si à semicirculo
culo

culo D auferantur tria fegmenta CE, BE, BA ; & à femicirculo E
tollatur fegmentum AFC deficiens vno fegmento CGE, fuper-
erit femihexagonum ABEC æquale menifco FE excedenti fegmento EGC, quod &c.

PROP. VII. THEOR. VII.

Cylindri portio duabus femiellipfibus , vel femicirculis con-
tenta, quarum communis fectio fit fecunda diameter , vnà cum
connexa cylindri fuperficie inter eafdem femifectiones coni-
cas interiecta, fubfefquialtera eft cuiufdam ei circumfcripti
prifmatis triangularis.

INtelligatur circumfcriptum parallelepipedum , cuidam femicylindro , cuius oppofitæ bafes fint femicirculi ; hoc autem
vnà cum fibi infcripto femicylindro fecetur tranfverfè plano ali-
quo, vt fiat in parallelepipedo fectio BKQA, at in femicylindro
BCA, & recta BA fit communis fectio fecantis plani, atque parallelogrammi per axem, iuxta quod femicylindrus exiftit ; tum
verò per BA planum aliud tranfeat abfcindens vtrunque folidum,
faciatque fectionem BLPA in parallelepipedo, & in femicylindro ipfam BDA. Dico, quod portio cylindri contenta duabus
femicylindri fectionibus, feu femiellipfibus BCA, BDA, atque
ea cylindri curua fuperficie inter eafdem femifectiones conicas
interiecta, fubfefquialtera eft fibi circumfcripti folidi (prifmatis
nempe triangularis, vt oftendemus) contingentis infcriptam
portionem in punctis BA, & linea CD ; funt autem eius oppofitæ
bafes triangula AQP, KBL. Secetur BA bifariam in E, iun-
ganturq; CE, ED. Quoniam planum KLPQ contingit portionem cylindricam fecundùm rectam CD, eftque QK communis
fectio planorum KLPQ, BKQA, erit KQ contingens fectionem BCA in C; verùm quia duo plana æquidiftantia parallelepipedi, nempe KLPQ, & illud oppofitum , in quo recta BA,
fecuimus plano AK, erit communis fectio QK contingens fectionem BCA in C æquidiftans communi fectioni, vel fecundæ diametro BA ; & ideò iuncta ECerit femidiameter coniugata ipfius
BA. Similiter oftendemus LP contingentem fectionem BDA in
D, æquidiftantem effe eidem BA, proptereaque ED femidia-

tab.9.
fig.74.

I 2　　　　　　metrum

metrum esse coniugatam eiusdem BA. Deinde quia K B, Q A sunt communes sectiones plani secantis K A, duorumq; æquidistantium triangulorum K B L, Q A P (sunt enim partes duorum æquidistantium planorum parallelepipedi) & contingunt ipsa triangula cylindri portionem in punctis B A; erunt duæ rectæ B K, A Q non tantùm parallelæ inter se, verùm etiam contingentes sectionem B C A in punctis B A; ex quo sequitur, quod dictæ B K, A Q sint etiam æquidistantes eidem semidiametro C E. Pariterq; eodem usi ratiocinio ostendemus rectas B L, A P in ijsdem duobus punctis B A sectionem B D A contingere, & esse inter se, & eidem semidiametro E D parallelas, quare spatia K A, B P erunt parallelogramma, & idcircò Q K, P L erunt inter se parallelæ, ac æquales, vtpote æquales vnitertiæ B A, ex quo fit, vt spatium K P parallelogrammum sit; itaque circumscriptum solidum Q B P prisma erit, cuius oppositæ bases triangula sunt K B L, Q A P. Extendamus insuper per rectam K L, & punctum E planum abscindens prisma, & ei inscriptam cylindri portionem, sitque prismatis sectio triangulum K E L, tum denique per quodlibet assumptum punctum F in linea B A planum aliud agamus æquidistans ipsi C D E secans pyramidem K B L E, & rursus vtrumque dictum solidum, sintque ductorum planorum sectiones G N F, I M F, H F O; & quoniã idem planum K A secat plana inter sese parallela triangulorum Q P A, C D E, I M F, K L B, erunt omnes communes sectiones Q A, C E, I F, K B, inter se æquidistantes, itemque omnes A P, E D, F M, B L, pariterq; Q P, C D, I M, K L; quare, vt B E ad E F, ita K E ad E G, atque L E ad E N. Cum igitur duæ istæ postremæ rationes similes sint, necesse est rectam G N æquidistantem esse ipsi K L. Præterea quia quadratum ex C E ad quadratum ex H F est vt rectangulum A E B ad rectangulum A F B; & in eadem ratione est etiam quadratum ex E D ad quadratum ex F O; erit recta C E ad H F, vt E D ad F O; estque angulus H F O æqualis angulo C E D (quod C E æquidistet ipsi H F; & E D ipsi F O) triangula igitur C E D, H F O similia erunt, & propterea etiam latus H O parallelum erit ipsi C D, quod est latus cylindri, ex quo sequitur eandem H O rectam lineam esse, vtpotè cylindri latus; Itaque cum H O parallela sit rectæ C D, erit item parallela rectis I M, K L, & G N; atque hoc pacto triangula C E D, I F M, K B L, G N F, & H O F similia sunt. His ostensis, quia quadratum C E,

21. primi
conic.

hoc

hoc est ipsum I F ad quadratum F H est, vt rectangulum A E B ad *ibidem.*
rectangulum A F B; erit per conuerfionem rationis rectangulum
A E B, hoc est quadratum E B ad quadratum E F, vt quadratum I F
ad excessum sui ipsius supra quadratum H F; verum, vt quadratum B E ad quadratum E F, ita quadratum K B, seu I F ad quadratum G F; quare vt quadratum I F ad dictum excessum, ita idem
quadratum I F ad ipsum G F; & propterea quadratum G F æquale
erit excessui quadrati I F supra H F quadratum; hoc est quadratum
H F vnà cum quadrato G F æquale erit quadrato I F; Imò triangulum I F M prismatis C L E æquale erit triangulo G F N pyramidis K B L E vnà cum triangulo H F O semicylindricæ portionis;
pariterque triangulum C E D eiusdem prismatis æquale erit triangulo semiportionis dictæ C E D B, nempe sibi ipsi; cumque
etiam triangulum K B L prismatis æquale sit triangulo pyramidis,
hoc est sibi ipsi, erunt omnia triangula semiprismatis C L E æqualia omnibus triangulis dictæ semiportionis cylindri vnà cũ omnibus triangulis pyramidis K B L E: hoc est semiprisma C L E æquale
erit semiportioni cylindri C E D B vnà cum pyramide K B L E,
atque adeo totum prisma æquabitur toti portioni C A D B vnà
cum duplo dictæ pyramidis; verùm duplum eiusdem pyramidis
tertia pars est totius circumscripti prismatis; ergo duæ reliquæ
tertiæ partes eiusdem prismatis æquales erunt expositæ portioni
cylindri, & idcircò hæc eadem subfefquialtera erit prædicti circumscripti prismatis Q B P, quod &c.

COROLLARIVM I.

*Ex vi huius demonstrationis patet, quod, si descripta illa,
cylindri portio secetur quolibet plano H F O æquidistante ipsi
C E D, vnumquodque segmentum ipsius, cuiusmodi est H F O B
æquale est sibi circumscripto prismati I F L, dempto ex eo pyramidis frusto latente in eodem prismate: pariterque aliud segmentum reliquum æquatur sibi circumscripto prismati Q A M,
ablatis tamen pyramidibus K B L E, G N F E.*

COROLLARIVM II.

*Item constat triangulum compositum ex semidiametris coniugatis dictarum duarum semiellipsium, vel semicirculorum,
vnà cum ea parte lateris cylindri inter easdem semidiametros
interiecta, hoc est triangulum C E D basi circumscripti prismatis æquale esse.*

PROP.

PROP. VIII. THEOR. VIII.

Si per eandem rectam iacentem in plano parallelogrammi,
quod est basis semicylindri tria eandem semicylindrum secantia
plana extendantur, vt sectiones semiellipses fiant, vel semicir-
culi : quam proportionem habent lineæ iungentes vertices dic-
tarum semiellipsium vel semicirculorum amplectentium portio-
nes cylindricas , eandem inter se obtinebunt portiones ipsæ:
eruntque dictæ iungentes in eodem cylindri latere .

tab. 9.
fig. 75.

SIT semicylindrus, cuius bases semicirculi A B C, I G H; &
per rectam E D iacentem in parallelogrammo A H agantur
tria plana, quarum sectiones semiellipses sint aut circuli, E B D,
E M D, E G D; deinde (cum centra basium sint K L) iungatur
K L, quæ erit axis cylindri; Indè à puncto L ducta perpendiculari L B, semidiametro nempe coniugata ipsi A C, transeat per
hanc, & axem L K planum semicylindrum secans, quod faciat sectionem L B G K parallelogrammum , & secet plana semiellipsium, vel semicirculorum, vt communes sectiones sint F B, F M,
F G; erunt puncta B M G (vt ostendemus) vertices dictarum semisectionum conicarum. Dico portionem cylindri, quam amplec-
tuntur duæ semisectiones E B D, E G D, ad portionem contentam
duabus E B D, E M D, esse vt est linea B G ad B M. Intelligamus
ductum planum æquidistans parallelográmo per axem A H, vt secet
cylindrum, eritq; sectio parallelogrammum ; & communis sectio
huius secantis plani & parallelogrammi L G, nempe recta O N
æquidistans erit axi L K, & propterea etiam lateribus cylindri, quæ
simul sunt in secante plano, ex quo fit, vt omnes lineæ ductæ intra
has tres æquidistantes, nempe S T, X Y, V Z, P Q R similiter secentur à recta O N (sunt enim communes sectiones dicti secantis plani, ac dictarum semisectionum) cumq; dictum planum
secans sit æquidistans parallelogrammo A H, erunt rectæ X Y, V Z,
P R æquidistantes eidem E D, sed linea S T ipsi A C; & ideò sicuti T S bifariam secatur in N ab ipsa B L, imò ab ipsa N O; ita &
linea P R bifariam in Q secabitur ab eadem N O, hoc est ab ipsa
F G; idem dic de reliquis lineis X Y, P R; quare constat rectas
B F, M F, G F, esse semidiametros coniugatas diametro E D com-

muni

muni femiellipfibus, vel femicirculis E B D, E M D, E G D; ideoq;
perfpicuum eft puncta B M G efle vertices earundem femifectio-
num. Itaque (vt tandem propofitum oftendamus) cum portio
cylindri E G D B ad portionem E M D B fit vt prifma priori portioni circumfcriptum, cuius bafis æqualis eft triangulo B F G, ad
prifma aliud alteri portioni circumfcriptum bafim habens triangulum ipfi B F M æquale; eftque vtrique prifmati altitudo communis, dupla nempe perpendicularis eius, quæ à puncto E duce-
retur ad planum parallelogrammi L G; erunt infcriptæ portiones inter fefe, vt triangulum B F G ad triangulum B F M, imò vt
recta G B ad B M, quod &c.

PROP. IX. THEOR. IX.

Oftendendum eft in hac fequenti figura, quod prifma, cuius
appofitæ bafes funt triangula A I 3, D F 6, vnà cum eo prifmate,
cuius oppofitæ bafes funt triangula L Y I, E F Z, dempto quadru-
plo pyramidis, cuius bafis K X M, & vertex V, cum illo prifmate
item ablato, cuius bafis triangulum A L 9, vnumq; latus recta
A D, æquale eft duabus cylindri portionibus L 9 8 E 5 G, &
L 7 E 5 G.

SIT cylindrus duobus planis diuifus, ita vt fectiones A 9 8 D, tab. 9.
A G D fint fegmenta ellipfium, vel circulorum, quæ fecent fig. 76.
fefe fecundùm rectam A D fupra centrum V circuli vel ellipfis
A G D; fecta verò bifariam A D in T iungatur T V, quam vtrinque
protrahamus, vt occurrat circulo, vel ellipfi A G D in punctis
C G; inde fumpta G S æquali ipfi C T, per puncta V S, & G agantur æquidiftantes rectæ A D, vt funt V M R, L S E, & H G, quæ
vtrinque productæ occurrant duabus iunctis A L, D E protractis
in puncta I, & F; tum autem duc G 8 latus cylindri, & à punctis I F
lineas I 3, F 6 æquidiftantes eidem lateri G 8, occurrentefque
lineæ tranfeunti per 8 parallelæ ipfi L G F, in punctis 3, 6: iunctis
præterea rectis 3 A, 6 D, 8 T, extendamus per lineas 3 I, I A planum fecans cylindri portionem intra propofita fegmenta inter-
ceptam, faciatque in ipfius fuperficie conuexa, oculifque fubiecta
lineam 9 L. Et quia 3 I parallela eft cylindri lateri G 8, imò axi
eiufdem cylindri, & recta I L A parallela eft ipfi G C, cum pla-

num C 8 G per axem extensum, sit æquidistans plano per 3 I, I A; erit recta 9 L latus cylindri, & ideo parallela lineæ G 8; Indè ducta à centro V linea V K, diametro nempe parallelogrammi contenti lineis R V, V G in angulo R V G, agatur in plano trianguli A I 3 linea K X ipsi 3 I æquidistans, & M X, L Y eidem 3 A parallelæ; conueniantque M X, K X in puncto X; recta verò Y 7 Z æquidistet ipsi I F. His suppositis concipiamus prisma, cuius oppositæ bases triangula A I 3, D F 6; itemq; aliud bases habens oppositas triangula L Y I, E F Z; indè pyramidem, cuius basis triangulum M K X, vertex autem punctum V. Dico prædicta duo prismata, dempto composito ex quadruplo dictæ pyramidis, & prismate, cuius basis triangulum A L 9, & altitudo eadem, quam habent prædicta duo prismata, æquale esse duabus cylindri portionibus L 9 8 E 5 G, L 7 E 5 G.

Quoniam quadratum I A æquale est quadratis A L, L I, vnà cum duplo rectanguli A L I, erit quadratum I A æquale quadrato A L vnà cum duplo rectanguli A I L, dempto quadrato I L; sed duplo rectanguli A I L æquatur duplum quadrati M K; ergo quadratum I A æquale erit quadrato A L vnà cum duobus quadratis M K - L I; proptereà triangulum A 3 I maioris prismatis æquale erit triangulo A 9 L portionis cylindri, simul cum duplo triangulî M K X pyramidis, dempto triangulo L Y I prismatis minoris (sunt enim hæc triangula inter se similia, & similiter descripta super lateribus dictorum quadratorum). Prætereà quia duplex rectangulum R H P, hoc est duplex quadratum O N, superat duplum rectanguli R P H duplici rectangulo Q H P, & quadrato P H bis item assumpto, hic autem excessus æquatur quadrato Q H - Q P + P H; erit duplex quadratum N O maius quam duplum rectanguli R P H quadrato Q H - Q P + P H, vel, quod idem est, duplum quadrati N O - Q H + Q P - P H æquale erit duplici rectangulo R P H; additisq; communiter quadratis R P, P H; quadratum R H æquale erit duplici quadrato N O, vnà cum quadratis Q P, R P - Q H: nam addendo quadratum P H ad - P H nihil remanet. Quare etiam triangulum R 4 H maioris prismatis æquale erit triangulis sibi ipsis similibus, & similiter descriptis super dictis quadratorum lateribus tanquam basibus, nempe duplici triangulo, cuius basis N O prædictæ pyramidis, vnà cum illo, cuius basis R P cylindri portionis inscriptæ maiori prismati, simul

etiam

etiam cum eo triangulo in bafi Q P conftituto, cylindri portionis inſcriptæ minori priſmati, dempto triangulo QH 2 eiuſdem miノoris priſmatis.

Tandem quia quadratum T G æquale eſt ſibi ipſi vnà cum quadrato S G eodem dempto, erit triangulum T G 8 maioris priſmatis æquale eidem triangulo T G 8 portionis maioris cylindri vnà cum triangulo S G 7 minoris cylindri portionis, dempto eodem triangulo S G 7, vtpotè priſmatis minoris; Cum igitur omnia triangula A I 3, R H 4, T G 8 &c. ſemipriſmatis maioris, æqualia ſint duplo omnium triangulorum pyramidis M X K V, nempe M K X, eorumq; quorum baſes N O &c. vnà cum omnibus triangulis, nempe A L 9; ijſque quorum baſes R P, T G &c. maioris ſemiportionis cylindri inſcriptæ prædicto maiori ſemipriſmati, ſimul cum omnibus triangulis, nempe S G 7, ijſque quorumー baſes Q P &c. minoris ſemiportionis cylindri inſcriptæ minori ſemipriſmati L Y G, demptis tamen omnibus triangulis L I Y, QH 2, S G 7 &c. dicti ſemipriſmatis minoris; erit ſemipriſma, cuius oppoſitæ baſes triangula A I 3, T G 8 æquale duplo pyramidis, cuius baſis triangulum M K X, & vertex V, vnà cumー duabus ſemiportionibus cylindri (quarum maior eſt illa, quæ intercedit inter duo triangula A L 9, T G 8; altera verò eſt comprehenſa à minori ſemipriſmate T L G) dempto eodem ſemipriſmate. Quod ſi minus hoc ſemipriſma addatur communiter, auferatur verò illud, cuius baſis triangulum A L 9 in eadem altitudine in qua ſunt duo dicta ſemipriſmata, ſupererit priſma, cuius baſis trapetium L 9 3 I in eadem prædicta altitudine, quod vnà cumー minori ſemipriſmate æquale erit duplo dictæ pyramidis ſimul cum duabus ſemiportionibus cylindri, quarum maior latet inſcripta ſub dicto quadrangulari ſemipriſmate, alia verò ſub minori; Et eorum duplicia, hæc eſt priſma 9 3 I L 6 vnà cum priſmate Y L I Z erit æquale quadruplo pyramidis, cuius baſis triangulum M K X, & vertex V, vnà cum duabus portionibus cylindri L 9 8 E S G, L 7 E S G; ſi igitur auferatur communiter quadruplum dictæ pyramidis erunt dictæ duæ cylindri portiones æquales ſolido rectilineo quod remanet ablato prædicto quadruplo, quod &c.

PROP. X. THEOR. X.

Annulus hyperbolicus, cuius sectio per axem sint oppositæ sectiones subsesquialter est cylindri eius, cuius altitudo est eadem annuli, basis verò circulus ille genitus ex asymptotorum conuersione, cuius circumferentia, & annuli ora sunt in eodem plano, atque concentrica.

tab.9.
fig.77.
Circa eundem axem MN intelligantur hæc solida rotunda, cylindri nempe, quorum per axem rectangula sint CD, LH, TO; coni duo, quorum per axem triangula LGK, SGH; & demum annulus hyperbolicus, cuius sectio per axem sint oppositæ sectiones CBA, EFD, quarum asymptoti LGH, KGS, easque contingant in punctis BF rectæ TBV, RFO; Dico annulum hunc subsesquialterum esse cylindri LH. Ab assumpto quolibet puncto ✚ agatur planum æquidistans circulo, cuius diameter recta LK, secans cylindrum TO, conum LGK, & tympanum hyperbolicum CBADFE; erunt sectiones circuli, quorum diametri existent in eodem plano parallelogrammi CD,

11. secundi
conic:
✚Y, ℞Z, QP. Quoniam igitur rectangulum CKE æquale est quadrato GF, hoc est MK; rectangulum verò CKE vnà cum quadrato MK, æquale est quadrato ME; erit quadratum MR vnà cum quadrato MK, æquale quadrato ME, & eorum dupla; quare circulus, cuius diameter TR, vnà cum illo, cuius diameter LK, æqualis erit circulo, cuius diameter CE; & eadem prorsus ratione circulus, cuius diameter VO, vnà cum circulo, cuius diameter SH æqualis erit circulo, cuius diameter AD. Rursus rectangulum QZP, hoc est quadratum GF, imò ipsum ✚Y æquale est simul cum quadrato ✚Z quadrato ✚P, ergo circulus, cuius diameter ✚Y, vnà cum illo, cuius diameter ℞Z æqualis erit circulo, cuius diameter QP; circulus verò BF est communis vtrique solido cylindri, nempe TO, & prædicto Tympano; ergo cum constet, quod circuli omnes cylindri TO, vnà cum omnibus duorum conorum LGK, SGH, sint æquales circulis omnibus tympani hyperbolici CBA DFE, erit tympanum istud æquale cylindro TO, vnà cum duobus conis LGK, SGH; sed cylindrus TO æqualis est differentiæ

cylin-

cylindrorum LH, CD; & duo coni SGH, LGK tertia pars sunt
simul accepti cylindri LH; Tympanum igitur prædictum æquale erit tertiæ parti cylindri LH, vnà cum differentia cylindrorum
CD, LH; & ideò excessus, quo cylindrus CD superat aggregatum tertiæ partis cylindri LH, & differentiæ cylindrorum CD,
LH, qui excessus est ⅔ cylindri LH, æqualis erit annulo hyperbo-
lico CBA, DFE, quod &c.

PROP. XI. THEOR. XL.

Portio conoidis hyperbolici, æqualis est cono portionem co-
noidis continenti, demptis duobus solidis, quorum alterum est
conus, cuius axis æquatur dimidio transuersi lateris genitricis
hyperbola, basis verò est sectio dicti coni continentis contin-
gens portionem, eiusq; basi æquidistans; aliud verò solidum
cylindrus est, cuius basis est illa dempti coni, & axis idem
conoidis.

SIT conoides hyperbolicum, cuius sectio per axem FS sit hyperbole RFQ; sed coni continentis sit sectio per eundem
axem triangulum ABC; erunt igitur lineæ BA, BC asymptoti,
& FB semilatus transuersum eiusdem hyperbolæ RFQ. Sit
deinde planum contingens conoides in F (quod æquidistans erit
plano basis conoidis) & propterea sectio, quæ sit in cono ABC
circulus erit, cuius diameter linea ED, & centrum F. Concepto
denique in eadem hac basi cylindro, cuius parallelogrammum per
axem FS sit EOPD. Dico conoides RFQ æquale esse cono
ABC, demptis cono EBD, cylindroque EP. Sumatur in axe FS
quodlibet punctum K, per quod planum agatur æquidistans plano
contingenti conoides in F, ita vt secet conum conoides continen-
tem, cylindrum, & conoides ipsum; eruntq; sectiones circuli,
quorum diametri erunt lineæ NI, LG, MH. Itaque quia
rectangulum AQC, hoc est quadratum FD, imò ipsum SP, vnà
cum quadrato SQ æquale est quadrato SC; item quia rectangulum NHI, hoc est quadratum FD, videlicet ipsum KG; vnà cum
quadrato KH, æquale est quadrato KI; & denique, cum quadratum FD æquale sit sibi ipsi, constat quadrata omnia, imò omnes
circuli, quorum diametri AC, NI, ED &c. frusti AEDC coni

tab.10.
fig.78.

10. *secundi*
conic.

conti-

continentis conoides æquales esse omnibus circulis circa diame-
tros R Q, M H &c. conoidis, vnà cum omnibus circulis cylindri
E P, quorum diametri O P, L G, E D &c.. Quod cum ita sit conus
A B C æqualis erit conoidi R F Q, vnà cum cono E B D, & cylindro
E P; hoc est conus A B D, demptis cono E B D, cylindroue E P,
æqualis erit conoidi R F Q, quod &c.

PROP. XII. THEOR. XII.

Si coni frustum intra duo parallela plana interceptum com-
prehendat conoidis hyperbolici portionem, ita vt vtraq; solida
in eadem basi consistant, atque secundùm huius basis circum-
ferentiam se mutuò contingant, portio conoidis æqualis erit
coni frusto, dempto ex eo cono illo, cuius altitudo est communis
portioni, basis verò communis est circulus.

tab. 10.
fig. 79. CIrca eundem axem C F intelligantur portio conoidis hyperbolici, & frustum coni, sintque eorum figuræ genitrices
A C E hyperbole, & A B D E trapetium, ita vt duo latera A B, D E
contingant hyperbolam in punctis A E; latusque B D parallel-
lum ipsi A E in puncto C; Iunctis deinde lineis A C, A D concipiamus conum, cuius triangulum per axem A C sit B A D.
Dico conoidis portionem A C E æqualem esse coni frusto A B D E,
dempto ex eo cono B A D.

Sumatur in axe C F quodlibet punctum O, perque illud agatur
planum basi A E parallelum, quo plano secentur tria illa, concepta
solida, sectiones autem sint circuli I N, L H, I P.

16. tertij
conis. Quoniam, vt quadratum contingentis C B ad id contingentis
B A, ita est rectangulum H I L ad quadratum I A, erit permutando,
quadratum B C ad rectangulum H I L, vt quadratum B A ad ipsum
A I, vel, vt quadratum B C ad ipsum I K; quadratum igitur B C
ad rectangulum H I L eandem habet rationem, quam ad quadratum I K; & propterea quadratum I K æquabitur rectangulo H I L:
6. secundi. verùm rectangulum H I L, vnà cum quadrato L O æquale est quadrato I O; quadratum igitur I O æquale erit duobus quadratis
L O, I K simul sumptis; quare etiam circulus I N, cuius radius
I O æqualis erit duobus circulis I P, L H, quorum radij I L, L O.

Iam

Iam affumptâ eadem regula A E circuli omnes A E, IN, B D &c. frufti coni A B D E æquales funt omnibus circulis A E, L H &c. conoidis portionis, vnà cum omnibus circulis IP, B D &c. coni B A D; ex quo fequitur, quod portio conoidis hyperbolicì A C E, vnà cum cono B A D æqualis fit frufto A B D E, & dempto communiter cono B A D, erit conoidis portio A C E æqualis frufto A B D E, dempto ex eo cono B A D, quod &c.

PROP. XIII. THEOR. XIII.

Hemifphærij centrum grauitatis eft punctum illud, in quo axis fic diuiditur, vt pars, quæ eft ad verticem fit ad reliquam, vt 5 ad 3.

SIT hemifphærium A B C, & axis eius F B fectus fit in O, itaut B O ad O F habeat eam rationem, quam 5 ad 3. Dico punctum O effe centrum grauitatis dicti hemifphærij. Intelligatur in eadem bafi A C, & circa eundem axem B F cylindrus A D, item & conus E F D, cuius bafis E D; fecentur verò hæc folida eodem plano H I K M N G parallelo bafi A C, vel E D. Iam patet axem B F tranfire per centrum circulorum omnium A C, H G, E D, cylindri A D; pariterque eundem axem tranfire per centra omnium circulorum coni D F E, & hemifphærij C B A; & quia circulus E D fibi ipfi æqualis eft ac concentricus; itidem circulus H G æqualis eft duobus fibi concentricis circulis N I, M K (nam rectangulum H N G, hoc eft quadratum G C, fiue F Q, vel Q M, vnà cum quadrato Q N æquale eft quadrato Q G) & demùm circulus A C æquatur fibi ipfi; erit in axe B F tanquam libra, in puncto B idem pondus, fiue ibi fufpenfus fit circulus E D cylindri D A, fiue in eodem puncto grauitet coni D F E circulus D E; eademque ratione in puncto Q erit eadem grauitas, fiue ex eodem puncto fufpenfus fit circulus H G cylindri E C, fiue magnitudo compofita ex duobus circulis K M, N I coni, & hemifphærij. Demum quia tam circulus A C cylindri æque ponderat in F, quàm ipfe A C circulus hemifphærij; liquidò conftat omnes circulos E D, H G, A C, &c. cylindri E C idem centrum grauitatis obtinere, ac compofitum ex omnibus circulis coni E D, K M &c., & omnibus I N, A C &c. hemifphærij: hoc eft patet cylindrum E C concentricum

tab.10.
fig.80.

esse compositæ magnitudini ex cono DFE, hemisphærioque
CBA in descripta illa positione manentibus. Itaque in puncto L
dimidio axis BF erit centrum grauitatis dictæ compositæ magnitudinis: sumpta modo BP dimidia ipsius BL, quarta videlicet parte ipsius BF, constat punctum P esse coni DFE centrũ grauitatis.

39. primi
Luca Vale-
ry de cẽtro
grauitatis.
     Quoniam verò BO ad OF est vt 5 ad 3, erit BF ad FO, vt 8 ad
3, sed ad LO, vt 8 ad 1; quare BL ad LO erit vt 4 ad 1, & PL ad
LO, vt 2 ad 1; conus autem DFE ad hemisphærium CBA est vt
1 ad 2; ergo cum sit reciprocè vt DFE conus ad hemisphærium
CBA, ita longitudo OL ad LP perspicuum est punctum O esse
centrum grauitatis hemisphærij CBA, quod &c.

SCHOLIVM.

*Eodem prorsus ratiocinio, quo supra usi sumus, conoidis hy-
perbolici centrum grauitatis inuenitur, attenta videlicet
vndecima propositione huius, vel etiam duodecima.*

PROP. XIV. THEOR. XIV.

*Omnis portionis conoidis parabolici centrum grauitatis est
punctum illud, in quo axis sic diuiditur, vt pars quæ est ad
verticem reliqua sit dupla.*

tab. 10.
fig. 81.
SIT portio conoidis parabolici ABC, cuius axis BD secetur in E, ita vt BE dupla sit ED. Dico punctum E esse
centrum grauitatis eiusdem portionis. Intelligatur enim triangulum, cuius vertex B, basis verò diameter AC, quod triangulum
vnà cum portione conoidis eodem plano FK parallelo basi AC
abscindatur, sitque trianguli sectio linea IG, portionis autem esto
circulus, cuius diameter KF. Patet omnes circulos conoidis AC,
FK &c. concentricos esse omnibus lineis AC, GI &c. trianguli.
Item conspicuum est centra vtrarumque magnitudinum in eodem
22. primi
conic.
Lemma 22.
in libro de
dimensione
parabolæ
Euãg. Tor-
ricelly.
axe BHD reperiri. Itaque quia quadratum AD ad ipsum FH;
circulus nempe AC ad ipsum FK est vt linea DB ad BH, imò vt
AC ad GI; si axis BD veluti libra concipiatur, erit in eodem
puncto ipsius, tùm centrum grauitatis compositæ magnitudinis
ex omnibus circulis AC, FK &c. portionis; tùm illud compositæ

ex omnibus lineis A C, G I &c. trianguli, hoc est portio conoidis concentrica erit triangulo ABC. Verùm quia trianguli ABC centrum grauitatis est punctum E; erit idipsum centrum grauitatis portionis conoidis parabolici A F B K C, quod &c.

PROP. XV. THEOR. XV.

Solidum rotundum hyperbolicum infinitè latum aquale est cylindro, cuius oppositæ bases sunt solido communes, vnà cum alio cylindro recto, cuius altitudo est semiaxis solidi, semidiameter verò basis est linea aqualis mediæ proportionali inter totum axem, eiusque dimidium oppositarum sectionum, quæ coniugatæ appellantur, eæque sunt, quæ in eodem plano per solidi axem immisso cernantur.

SIT hyperbola E B, & asymptoti eius ED, DC contineant, *tab.10.* angulum rectum E D C, sumptoque in hyperbola E B, quo- *fig. 82.* libet puncto B ab ipso ducatur B C æquidistans D E; figuræ verò EBCDE infinitæ longitudinis versus E intelligatur e regione sita EDFGE prædictæ similiter æqualis; adeout linea F D C vnica recta sit, & figura ex ambabus illis composita sit EBCF GE sine fine longa; tum circa axem FC conuertatur composita hæc figura, vt fiat solidum rotundum infinitè latum, eiusque per axem sectio sit figura E B I K L G E. Iam quia hyperbolis G E, E B, I K, L K, asymptoti F D C, K D E communes sunt, erunt dictæ quatuor hyperbolæ sic constitutæ sectiones oppositæ, quæ coniugatæ nuncupantur, & duo ipsarum coniugati axes erunt inter se æquales. Esto igitur eorum alter M D H, & à puncto H ducta linea H S N asymptoto E K æquidistante, iungatur N M, quæ erit parallela rectæ D S, nempe alteri asymptoto F C (est enim M H ad H D, vt N H ad H S) cumque angulus E D C rectanguli H S D ab ipsius diametro D H bifariam secetur, erit rectangulum H S D quadratum, quod cum sit circa diametrum M H alterius rectanguli H N M, hoc etiam quadratum erit; latus verò ipsius H N medium erit proportionale inter totum axem M H, eiusque dimidium H D. Dico vniuersum solidum E F K C infinitè extensum ex partibus E K æquale esse cylindro recto, cuius basis æqualis sit circulo circa semidiametrum H N, axis verò sit

recta

recta D C, vnà cum cylindro G I, cuius axis FC. Intelligantur superficies cylindricæ quotlibet B G L I , H M, Q O, circa eundem axem F C, atque intra solidum infinitè extensum E F K C, & quia rectangula D C I, D R N, D ✠ P sunt inter se æqualia, erunt etiam ipsorum quadrupla, nempè rectangula L I B, M N H, O P Q æqualia inter se. Verùm quia superficies cylindrica G B I L ad circulum, cuius radius X Z, est vt rectangulum L I B ad quadratum X Z, nempe ad rectangulum quadratum M N H, quæ spatia sunt æqualia, erit dicta superficies cylindrica G L I B æqualis circulo, cuius radius X Z, eademque ratione superficies cylindrica M H æqualis erit circulo, cuius radius N H; itemq; superficies Q O circulo, cuius radius T V æqualis erit; & hoc semper verificatur vbicunque accepta sint puncta I N P. Cum igitur omnes cylindricæ superficies G L I B, H M, Q O, &c., æquales sint omnibus circulis, quorum semidiametri X Z, N H, T V, &c. patet vniuersum solidum rotundum infinitè latum E F K C æquale esse cylindro recto, cuius altitudo est D C, solidi nempe semiaxis, & basis circulus, cuius radius S R, seu N M est media proportionalis inter totum axem H M, eiusq; dimidium M D &c. vnà cum cylindro G L I B, circa axem F C, quod &c.

22. secundi conic.

5. primi E-naug. Torricellij de sphæra &c.

tab. 10. fig. 83.

PROP. XVI. THEOR. XVI.

Sit A M C E semisectio per axem A E solidi prædicti, & applicetur ipsi A E rectangulum B E, ita vt B A sit aqualis semiaxi D M oppositarum sectionum, ostendendum est punctum D esse centrum grauitatis plani B E C M A, quamuis infinitæ longitudinis versus C, dempto rectangulo A F.

Q Voniam ostendimus in præcedenti propositione, quod solidum rotundum, & infinitè latum genitum ex conuersione plani F K C circa axem F C est æquale cylindro genito ex conuersione rectanguli Z R circa axem ✠ Z, vnà cum cylindro G I, cuius axis F C, estque C D ad C F longitudine, vt D M ad M N, seu ad X Z potentia ; si concipiatur cylindrus, cuius altitudo C F, & basis semidiameter D M; erit hic æqualis cylindro prædicto, cuius axis ✠ Z ; & ideo constat conceptum hunc cylindrum æqualem esse solido F K C E infinitæ latitudinis, dempto ex eo

cy-

cylindro G I, illo nempe, qui fit ex conuerfione rectanguli C L
circa axem F C; hoc eft, in præfenti etiam figura, liquet cylindrum
genitum ex conuerfione rectanguli BE circa axem A E æqualem
effe folido rotundo, ac infinitæ latitudinis, ex reuolutione
plani. EFCMA circa eundem axem E A progenito, dempto
tamen ex hoc folido, cylindro, cuius femirectangulum ad axem
eft A F. Momentum igitur rectanguli B E momento plani F C M
infinitæ longitudinis verfus C æquale erit, fi planum vniuerfum
E B A M C F E fuper recta E A libretur, & rectangulum A F nul-
lius ponderis concipiatur. Erit igitur in linea finita E A centrum
grauitatis prædictorum duorum planorum fic conftitutorum
tanquam vnius magnitudinis, & ideò (licet incredibile videatur)
cum magnitudo hæc habeat grauitatis centrum, illud erit etiam
in diametro G C eiufdem planæ magnitudinis; quare in D communi fectione linearum A E, G C reperitur, quod &c.

ex pulcro
lemm. 31.
Torricellij
in dimenf.
parabolæ.

SCHOLIVM.

*Hæc ego Theoremata, quorum nonnulla ex principijs geome-
tricis deduxeram, Caualleriana methodo expeditius demonf-
traui, quamquam hemifphærij, & conoidis parabolici centra
grauitatis rimatus iampridem fuerit geometricè fubtiliffimus
noftri æui Archimedes Lucas Valerius. Fateor methodum indi-
uifibilium magnum effe in geometria compendium, præfertim in
dimenfionibus folidorum, quantumuis irregularium, opus ple-
num ambagibus fi geometricis rationibus velimus vti. Ince-
dendum tamen eft cautè, contingit enim non rarò, vt ratiocina-
tio illa Caualleij minimè fuccedat, præfertim vbi de fuperfi-
ciebus folidorum rotundorum agitur: en exemplum.*

ESto fphœra, cuius axis A B, quæ fecetur quibuslibet planis ad
axem erectis C D, E F, G H, &c. dicam totam fphœræ fuperficiem ad fui portionem E B F habere eandem rationem, quam
habet circulus ad fui fegmentum E B F. Patet enim fectiones omnes C D, E F, G H, &c. effe circulos circa diametros C D, E F,
G H, &c. inter fe parallelos; quare etiam eorundem circulorum
peripheriæ inter fe æquidiftabunt; itemq; diametri inter fe parallelæ erunt. Et quia peripheria circa diametrum C D ad illam

tab.10.
fig. 84.

L   circa

circa diametrum E F est vt diameter C D ad E F, pariterque peripheria circa diametrum E F ad peripheriam circa diametrum G H est vt diameter E F ad diametrum G H; erunt coniunctim omnes peripheriæ circa C D, E F, H G, ad omnes peripherias circa E F, G H &c., vt omnes diametri C D, F E, H G &c. ad omnes diametros E F, G H &c.: hoc est tota sphæræ superficies A E B F ad sui partem E B F habebit eam rationem, quam habet circulus ad sui segmentum E B F, quod tamen falsum est; circulus enim A C B D ad sui segmentum E B F minus semicirculo maiorem habet rationem, quam quadratum A B ad quadratum rectæ B E, hoc est quam superficies sphæræ ad sui portionem E B F; nàm circulus, cuius radius A B, æqualis est toti sphæræ superficiei, circulus verò, cuius radius B E, æquatur superficiei E B F eiusdem sphæræ; quare superficies sphæræ ad sui portionem E B F est vt quadratum ex A B ad quadratum ex B E, seu vt triangulum A B E ad triangulum E I B: ponitur verò esse in eadem ratione circulus A B ad sui segmentum E B F, vel semicirculus A E B ad trilineum E B I; ergo & reliqua spatia in eadem ratione erunt: hoc est segmenta A E C, E B G simul, ad segmentum E B G, erunt vt triangulum A B E ad triangulum E I B, vel rursus vt quadratum A B ad quadratum B E, imò vt aggregatum quadratorum A E, E B ad ipsum E B; sed circuli segmentum, cuius basis A E simile ipsi E B G cadit intra segmentum A C E; ergo segmentum A C E ad segmentum E G B maiorem habebit rationem, quam quadratum A E ad quadratum E B, & coniunctim duo segmenta A E C, E B G ad segmentum E B G maiorem etiam proportionem habebunt, quam duo quadrata A E, E B simul, hoc est ipsum A B ad quadratum E B, vel quam triangulum A E B ad ipsum E B I; quare & duæ simul antecedentes ad duas simul consequentes, hoc est semicirculus ad trilineum A G B I, seu duplum ad duplum, circulus nimirum ad sui segmentum E B F maiorem habebit rationem, quam triangulum A E B ad ipsum E B I, vel maiorem quam quadratum A B ad B E, quod &c.

E contra si conum pro sphæra prædicto ratiocinio subijcias verum deduces, ita vt tota superficies conica ad sui partem intra verticem coni, & planum eius basi æquidistans interiectam sit vt triangulum per axem ad triangulum illud inter dictum verticem, & prædictum planum interceptum, quod

pars

pars eſt eiuſdem per axem trianguli.

Hinc vides, in ſolidorum rotundorum ſuperficiebus dimetiendis, quam incerta ſit methodus cæteroquin ingenioſiſſima indiuiſibilium.

FINIS.

Pag.	lin.	Errata.	Correctiones.
4 & alibi	31	eorumdem	eorundem
8	37	Quod ſi datis duabus rationibus	Quod ſi dentur duæ rationes
10	in marg.	fig. 9.	fig. 10.
10	in marg.	fig. 10.	fig. 12.
12	in marg.	fig. 10.	fig. 12.
13	13	deriuantium	deriuatorum
15	23	exED in EB	exED in AB
19	prima	Deleantur hæc verba:	In inferiori figura eiuſdem tertij elementi.
27	15	eadem rationem	eadem ratione
31	4	LK	LM
32	33	℞ ad ✚	℞ ad X
33	12	NIQMHP	NI, QM, HP,
34	29	centtum	centrum
41	6	adF adG	adE adG
42	vltima	.Pariterq;	,pariterq;
43	10	triangula latera	trianguli latera
44	18	CE ad EF	CD ad DF
46	23	& OB	& OE
51	in marg.	tab. L fig. 5.	tab. 7. fig. 57.
72	13	æquale eſſe	æqualia eſſe
75	vltima	circuli	circulos

Ad exprimendum plus more algebrico, ex penuria ſigni opportuni +, vſi ſumus hoc alio, etſi non vſitato ✚, quo etiam non raro vtimur in ſupplementum literarum.

IMPRIMATVR.

Fr. Antonius Maria Cruceius Sac. Th. Magifter, & Commiffarius Sancti Officij Mediolani.

Iacobus Saita Canonicus Ambrofianæ Bafilicæ pro Eminentiffimo D. D. Cardinali Archiepifcopõ.

Francifcus Arbona pro Excellentiffimo Senatu.

MEDIOLANI

Ex Typographia Ludouici Montiæ.
MDCLXXVIII.

1.

2.

3.

A F
B
E K
B
C G

A E
P
B
B
C
B H

A F K B

4.
G
A
D B
P
E C
I H

5. A G
B
D P
E C
I K H

6. L E K
D
F G
A B C
H I

7. I
A B C H
D
E G F
K L

8. M
A B C L
E F
D
H G I
N K

9.
A B C

10. A
D B
G H
F
E C

11. A
D B
F
E C

12. A
F
B
D
F
E K C

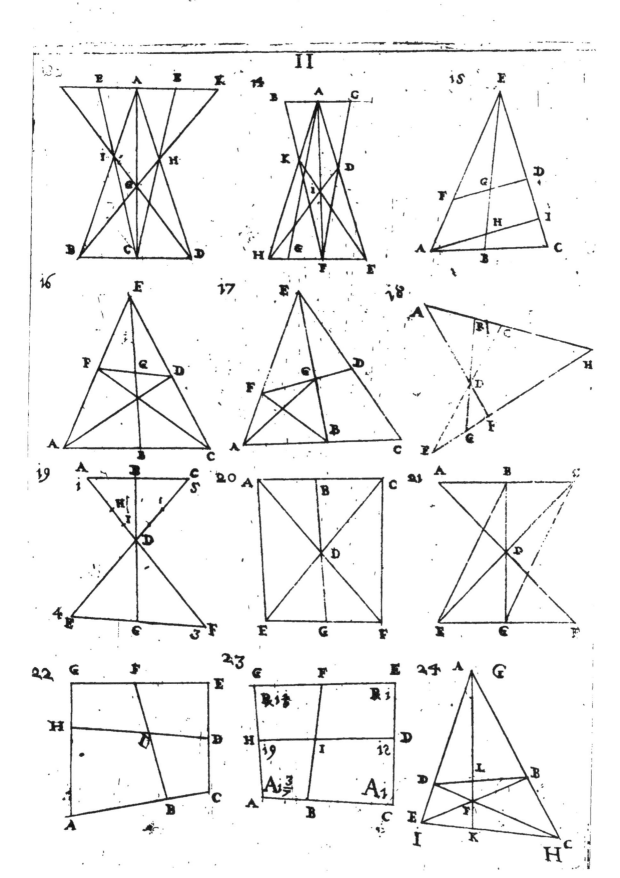

II

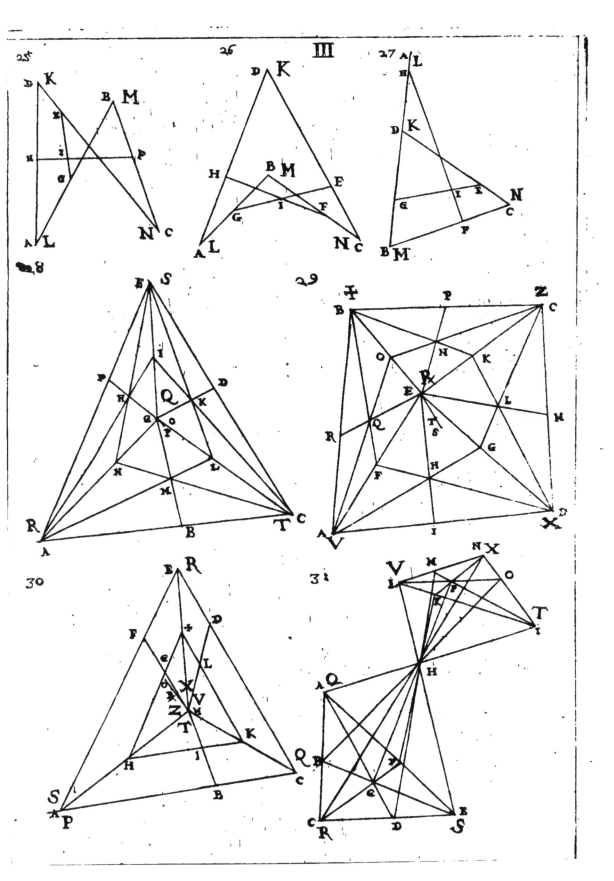

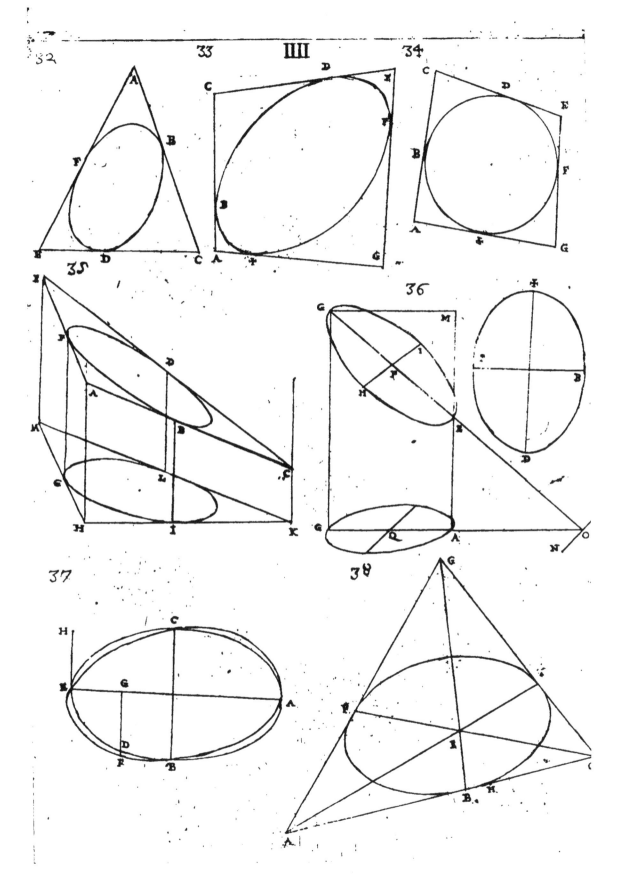

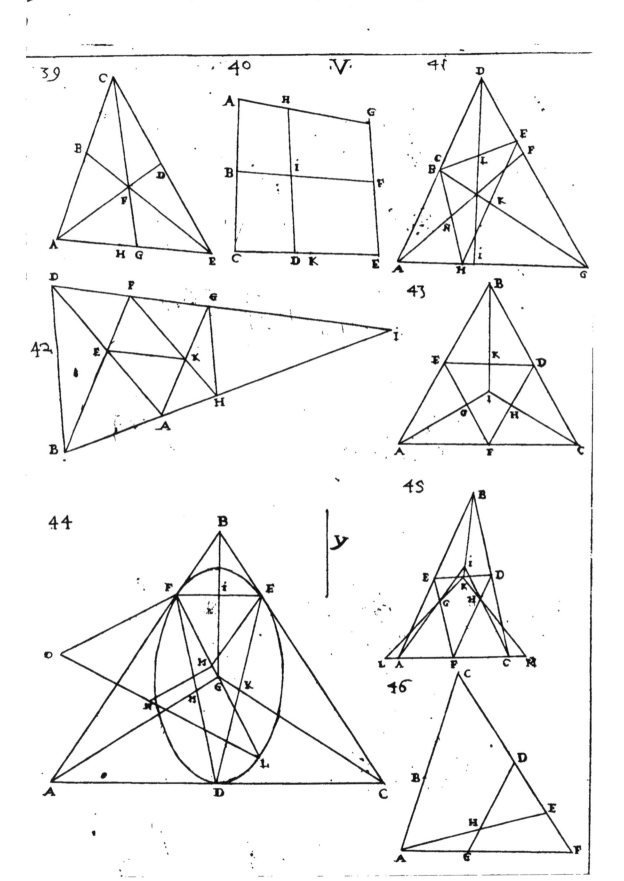

39

40 · V ·

41

42

43

44

y

45

46

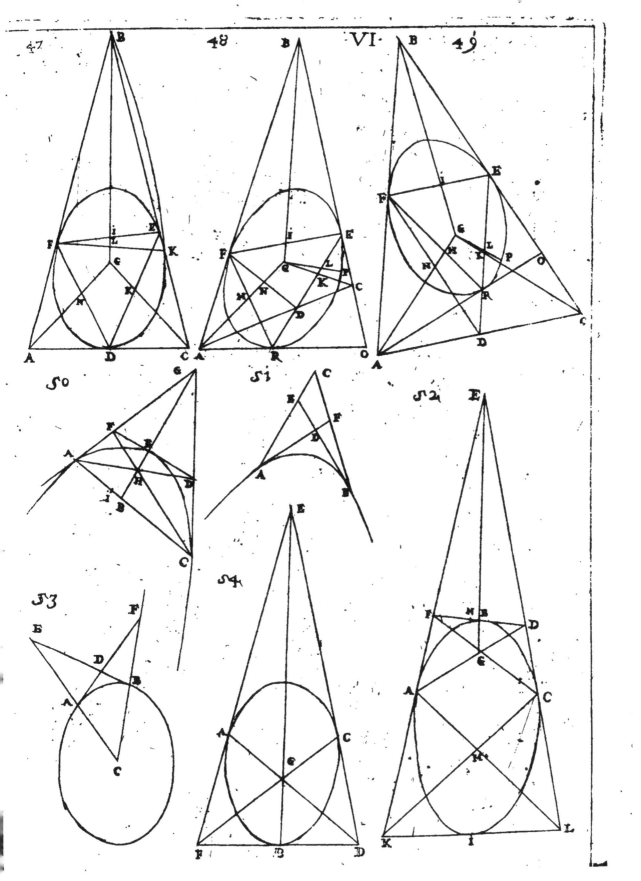

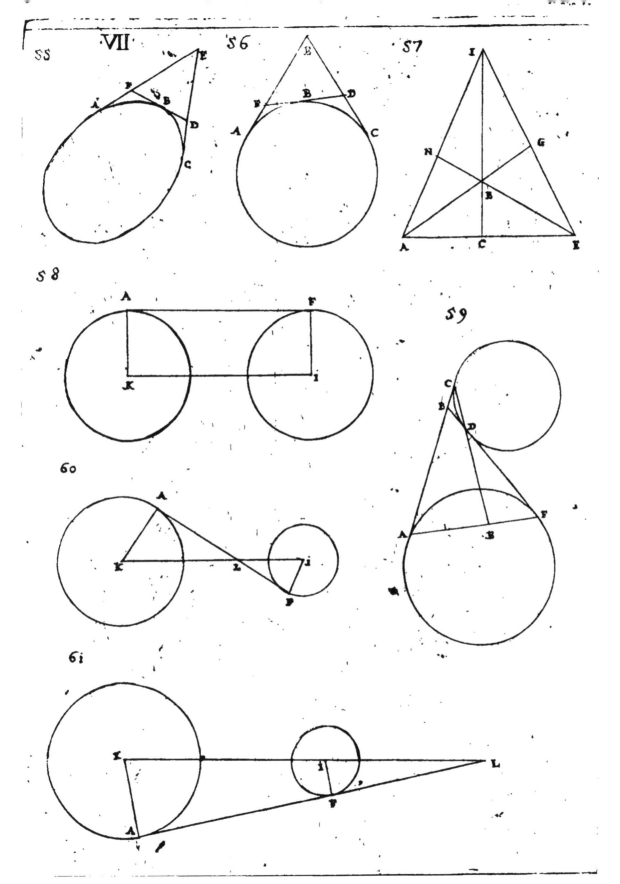

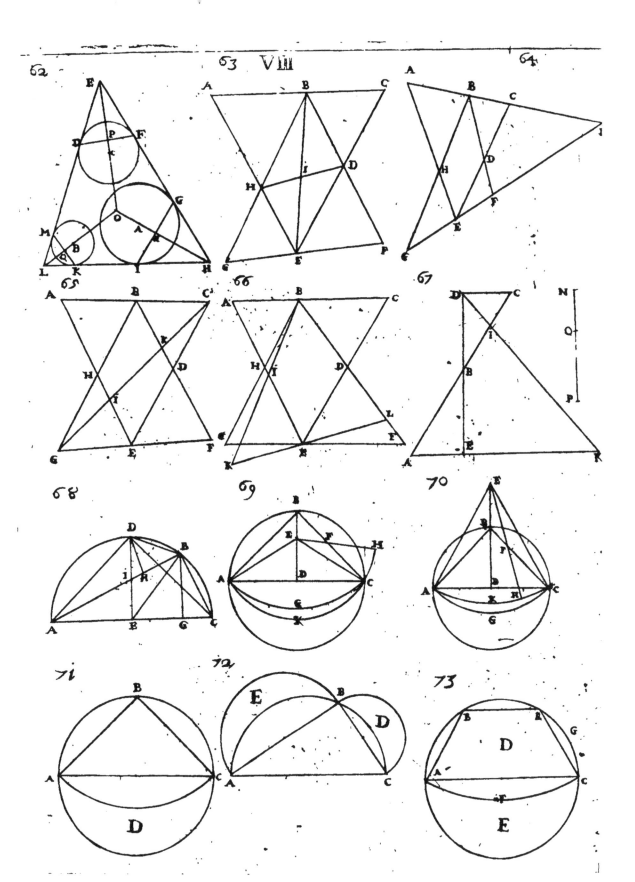

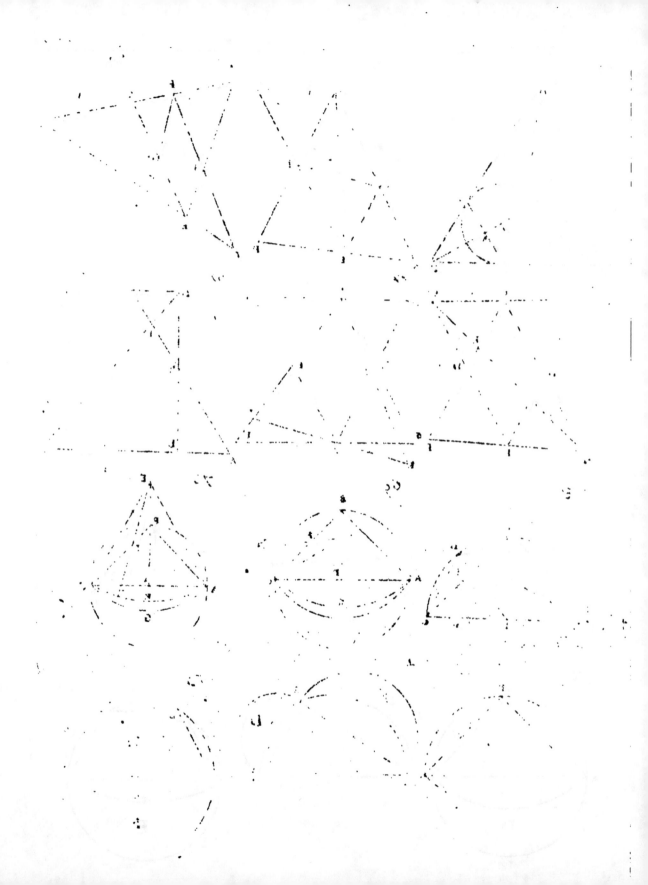

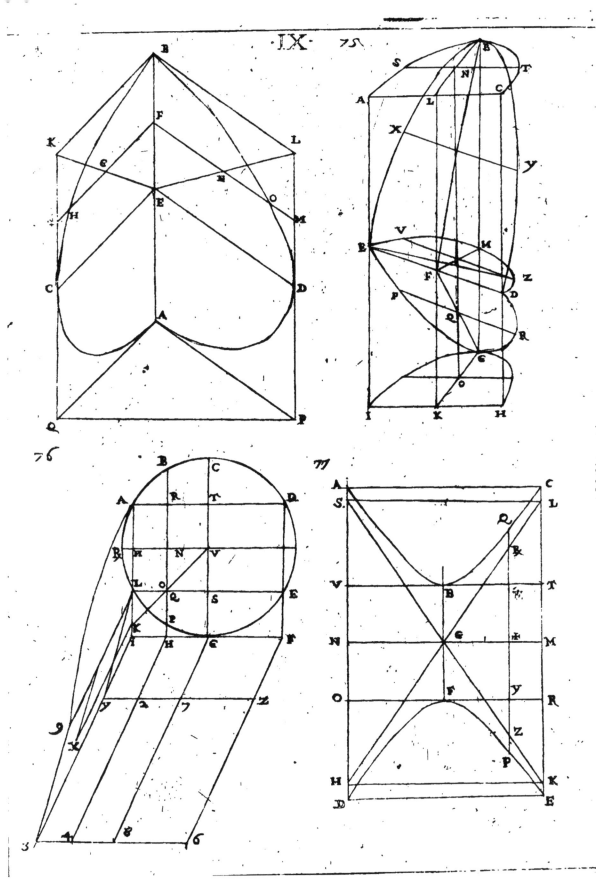

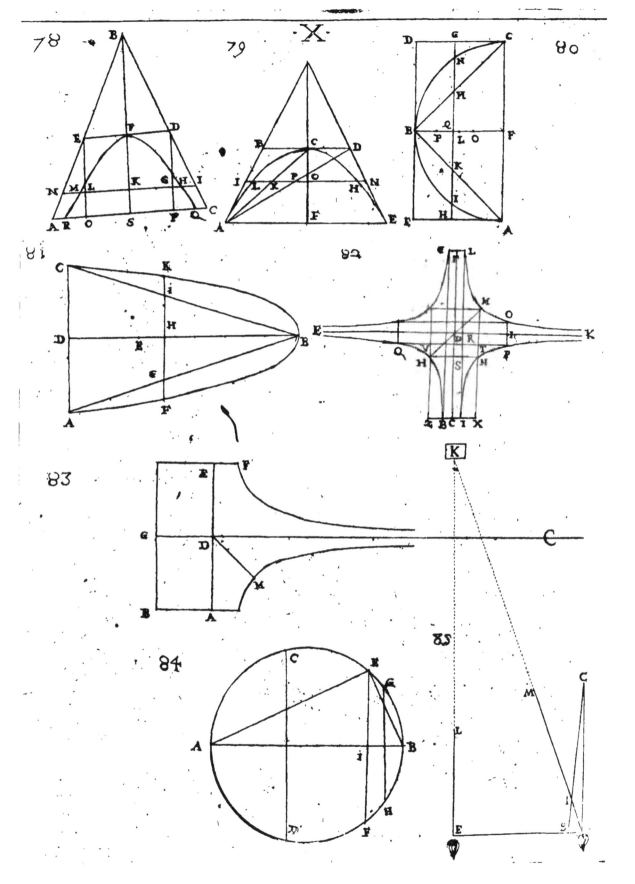

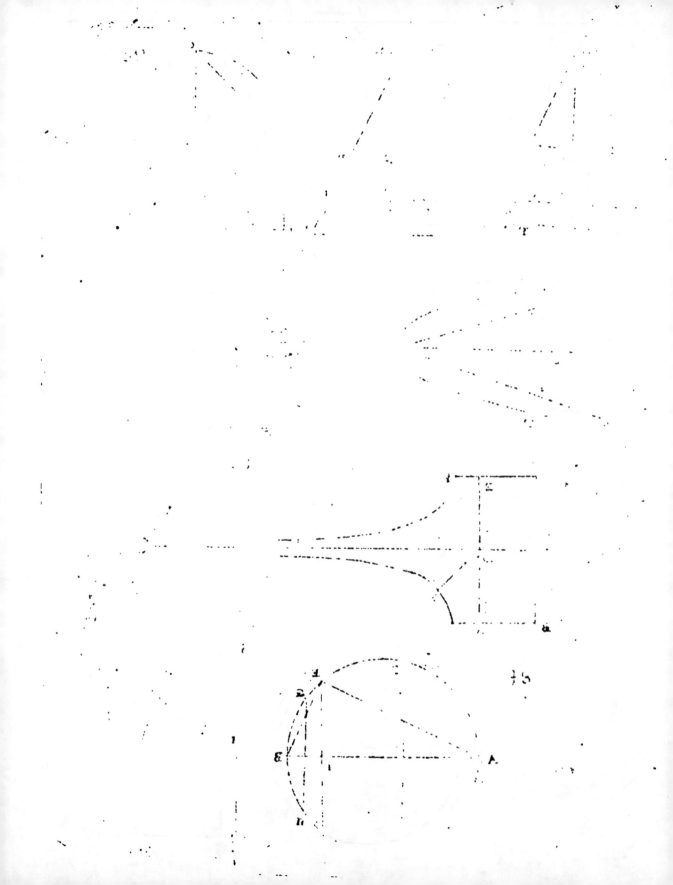

CPSIA information can be obtained
at www.ICGtesting.com
Printed in the USA
BVHW071247020919
557355BV00019B/1344/P

9 781104 643744